高职高专建筑设计专业"互联网+"创新规划教材
高等院校土建类专业"互联网+"创新规划教材

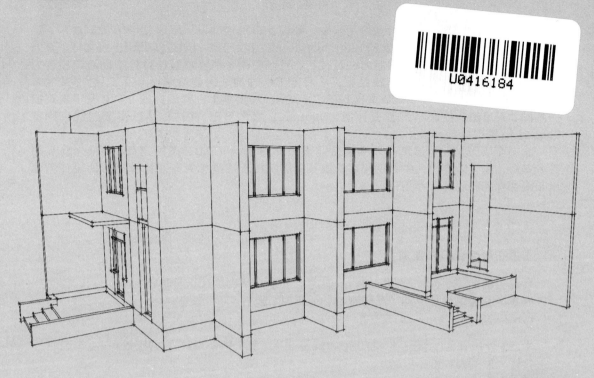

计算机辅助建筑设计

主　编　张　艳
副主编　黄丽斐　王　渊
参　编　楼瑛浩　朱笔峰　吴　锐

内 容 简 介

本书从建筑制图技术和行业应用出发，吸收计算机辅助设计研究领域的最新成果，以 AutoCAD 2017、T20 天正建筑和 SketchUp Pro 2018 为工具，通过实例和上机实训，全方位介绍建筑制图技术和图形绘制方法及技巧，旨在使读者能够掌握计算机辅助建筑设计方面的技能并获得一定的工程实践经验，从而能够快速地成为建筑制图高手。全书共 6 个模块，主要内容有：AutoCAD 操作基础、AutoCAD 绘制小别墅设计图、T20 天正建筑操作基础、天正建筑绘制小别墅设计图、SketchUp 操作基础、根据 CAD 图纸创建小别墅 SketchUp 模型。

本书可以作为广大建筑设计相关从业人员学习 AutoCAD、天正建筑和 SketchUp 的参考书籍，也可以作为大中专院校建筑学及高等院校土建类相关专业计算机辅助设计和建筑制图课程的教材和参考用书。

图书在版编目(CIP)数据

计算机辅助建筑设计/张艳主编．—北京：北京大学出版社，2021.5
高职高专建筑设计专业"互联网+"创新规划教材
ISBN 978-7-301-32087-7

Ⅰ.①计… Ⅱ.①张… Ⅲ.①建筑设计—计算机辅助设计—应用软件—高等职业教育—教材 Ⅳ.①TU201.4

中国版本图书馆 CIP 数据核字(2021)第 055037 号

书 名	计算机辅助建筑设计
	JISUANJI FUZHU JIANZHU SHEJI
著作责任者	张 艳 主编
策 划 编 辑	杨星璐
责 任 编 辑	曹圣洁 伍大维
数 字 编 辑	蒙俞材
标 准 书 号	ISBN 978-7-301-32087-7
出 版 发 行	北京大学出版社
地 址	北京市海淀区成府路 205 号 100871
网 址	http://www.pup.cn 新浪微博：@北京大学出版社
电 子 邮 箱	编辑部 pup6@pup.cn 总编室 zpup@pup.cn
电 话	邮购部 010-62752015 发行部 010-62750672 编辑部 010-62750667
印 刷 者	天津中印联印务有限公司
经 销 者	新华书店
	787 毫米×1092 毫米 16 开本 15.5 印张 372 千字
	2021 年 5 月第 1 版 2024 年 1 月修订 2024 年 1 月第 2 次印刷
定 价	44.00 元

未经许可，不得以任何方式复制或抄袭本书之部分或全部内容。
版权所有，侵权必究
举报电话：010-62752024 电子邮箱：fd@pup.cn
图书如有印装质量问题，请与出版部联系，电话：010-62756370

前言 Preface

"计算机辅助建筑设计"是建筑设计专业一门实践性很强的专业基础课程。课程主要学习计算机辅助建筑设计软件的应用,目的是服务于建筑设计工作,使设计工作更加便捷、高效。为此,我们提出以职业技能和综合素质培养为核心,以动手能力培养为重点,以理实融合的教学模式为基础,以计算机辅助建筑设计流程为主线的课程设计理念,在根据学生素质与专业技术发展要求合理制订教学计划、确定教学内容、完善考核方案后,积极创建了计算机辅助建筑设计精品在线课程。同时,为了实现教学资源的共享,我们开展了此次《计算机辅助建筑设计》新形态教材的编写工作,试图通过项目导向、任务驱动,并充分运用多媒体技术,开发出一套理论与实践结合、书本与课件结合、线上与线下结合的多维一体的全媒体教材,配合课堂教学和在线开放课程教学的需求。通过对本书的学习,学生能够掌握 AutoCAD、天正建筑、SketchUp 等软件应用于建筑设计的技巧和方法,为学生毕业后走向工作岗位打下良好的基础。本次修订,融入了党的二十大精神,全面贯彻党的教育方针,把立德树人融入本教材,使其贯穿思想道德教育、文化知识教育和社会实践教育各个环节。

本书内容导图:

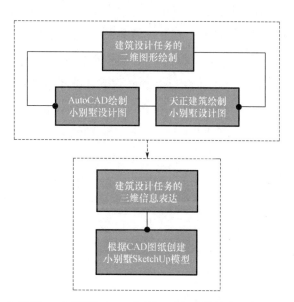

本书一共分为 6 个模块,介绍了 AutoCAD、天正建筑和 SketchUp 软件的基本使用方法、绘图命令的功能和操作技巧,并通过具体实例的讲解深入阐述了各个命令在建筑图纸

绘制过程中的应用。

模块 1 主要介绍 AutoCAD 操作基础，以 AutoCAD 2017 版本为基础，介绍了 AutoCAD 软件概述和 AutoCAD 绘图方法。

模块 2 以 AutoCAD 绘制小别墅设计图为例，主要讲述使用 AutoCAD 绘制小别墅平面图、立面图和剖面图的方法和步骤。

模块 3 介绍 T20 天正建筑操作基础，主要讲述 T20 天正建筑基础绘图工具的使用方法及能完成的操作。

模块 4 以天正建筑绘制小别墅设计图为例，主要讲述使用天正建筑绘制小别墅平面图、立面图和剖面图的方法和步骤。

模块 5 介绍 SketchUp 操作基础，以 SketchUp Pro 2018 为例，主要讲述 SketchUp 软件概述、SketchUp 绘图环境及工具栏介绍、SketchUp 系统参数及工作界面的设置等内容。

模块 6 以根据 CAD 图纸创建小别墅 SketchUp 模型为例，主要讲述根据已经绘制的小别墅 CAD 图纸使用 SketchUp 进行建模的方法。

本书内容丰富、语言简练、思路清晰、实例典型，有较强的针对性。书中各模块详细介绍了所选实例具体的操作步骤，还将操作视频教程和所用模型以二维码形式与读者共享。读者只需按照书中介绍的步骤进行操作就可以学习完整的软件使用方法，同时提高自身计算机制图的能力。

本书由浙江同济科技职业学院、浙江工业大学之江学院、浙江理工大学科技与艺术学院和中瀚设计集团有限公司联合编写。浙江同济科技职业学院张艳担任主编，浙江工业大学之江学院黄丽斐和浙江理工大学科技与艺术学院王渊担任副主编，浙江理工大学科技与艺术学院楼瑛浩、浙江工业大学之江学院朱笔峰、中瀚设计集团有限公司吴锐参与编写。各模块分工如下：模块 1 由楼瑛浩编写；模块 2 由张艳和王渊编写；模块 3 由朱笔峰编写；模块 4 由张艳编写；模块 5 由黄丽斐和吴锐编写；模块 6 由张艳编写。

由于编者水平有限，书中难免存在不足及疏漏之处，恳切希望广大读者对本书提出宝贵意见，不胜感激。

编　者

目录 Contents

模块 1　AutoCAD 操作基础 …………… 001

1.1　AutoCAD 软件概述 ………………… 002
 1.1.1　AutoCAD 软件介绍 …………… 002
 1.1.2　工作界面 ……………………… 004
 1.1.3　基本操作 ……………………… 007
1.2　AutoCAD 绘图方法 ………………… 010
 1.2.1　绘制二维图形 ………………… 010
 1.2.2　编辑二维图形 ………………… 016
 1.2.3　绘图辅助工具 ………………… 022
 1.2.4　图层设置与管理 ……………… 024
 1.2.5　图块与外部参照 ……………… 028
 1.2.6　图形文字与标注 ……………… 031
 1.2.7　图形输出与打印 ……………… 034
模块小结 ………………………………… 037
习题 ……………………………………… 037
上机实训 ………………………………… 038

模块 2　AutoCAD 绘制小别墅设计图 …… 041

2.1　AutoCAD 绘制小别墅平面图 ……… 042
 2.1.1　界定图形界限、单位、图层 … 043
 2.1.2　绘制轴线 ……………………… 045
 2.1.3　绘制和编辑墙体 ……………… 047
 2.1.4　创建柱子 ……………………… 049
 2.1.5　绘制门窗洞口 ………………… 052
 2.1.6　绘制门窗 ……………………… 053
 2.1.7　绘制台阶、雨篷和楼梯 ……… 057
 2.1.8　标注尺寸 ……………………… 059
 2.1.9　添加文字说明 ………………… 061
2.2　AutoCAD 绘制小别墅立面图 ……… 067
 2.2.1　设置绘图环境 ………………… 067
 2.2.2　绘制①~⑥轴立面图 ………… 068
2.3　AutoCAD 绘制小别墅剖面图 ……… 074
 2.3.1　设置绘图环境 ………………… 074
 2.3.2　绘制 1—1 剖面图 …………… 075
模块小结 ………………………………… 081
习题 ……………………………………… 081
上机实训 ………………………………… 082

模块 3　T20 天正建筑操作基础 ………… 086

3.1　天正建筑软件基本界面操作 ……… 087
 3.1.1　操作界面认识 ………………… 087
 3.1.2　工作界面与性能设置 ………… 088
3.2　绘制轴网柱子 ……………………… 092
 3.2.1　轴网工具及绘制 ……………… 092
 3.2.2　柱子工具及绘制 ……………… 094
3.3　绘制墙体 …………………………… 096
 3.3.1　直接绘制墙体 ………………… 096
 3.3.2　墙体转换 ……………………… 096
 3.3.3　墙体对齐 ……………………… 097
3.4　绘制门窗 …………………………… 099
 3.4.1　普通门窗的绘制 ……………… 099
 3.4.2　特殊门窗的绘制 ……………… 101
 3.4.3　门窗编号及设置 ……………… 101
3.5　绘制房间屋顶 ……………………… 103
 3.5.1　房间面积查询与计算 ………… 103

3.5.2 屋顶的绘制 …………… 103
3.6 绘制楼梯及其他 ……………… 106
　　3.6.1 楼梯的绘制 …………… 106
　　3.6.2 电梯及自动扶梯的绘制 …… 107
　　3.6.3 阳台、台阶、坡道、散水的
　　　　　绘制 …………………… 108
3.7 绘制文字表格 ………………… 111
　　3.7.1 文字插入 ……………… 111
　　3.7.2 表格绘制 ……………… 113
3.8 绘制尺寸标注 ………………… 117
　　3.8.1 标注的几种形式 ……… 117
　　3.8.2 尺寸编辑 ……………… 119
3.9 绘制符号标注 ………………… 121
　　3.9.1 标高 …………………… 122
　　3.9.2 引注及索引 …………… 123
　　3.9.3 剖切符号 ……………… 124
　　3.9.4 图名标注 ……………… 125
3.10 图层控制 …………………… 127
　　3.10.1 打开/关闭图层 ……… 127
　　3.10.2 冻结/解冻图层 ……… 127
　　3.10.3 锁定/解锁图层 ……… 128
　　3.10.4 图层恢复 …………… 128
3.11 文件布图 …………………… 128
　　3.11.1 工程管理 …………… 128
　　3.11.2 图形导出 …………… 129
模块小结 …………………………… 131
习题 ………………………………… 131
上机实训 …………………………… 132

模块 4 天正建筑绘制小别墅设计图 …………………… 135

4.1 天正建筑绘制小别墅平面图 …… 136
　　4.1.1 轴网概述 ……………… 136
　　4.1.2 创建轴网 ……………… 137
　　4.1.3 绘制墙体 ……………… 140
　　4.1.4 插入门窗洞口 ………… 142
　　4.1.5 绘制楼梯和台阶 ……… 148
　　4.1.6 插入柱子 ……………… 150
　　4.1.7 插入标高符号和剖切
　　　　　符号 …………………… 152
　　4.1.8 添加地板和文字 ……… 153
　　4.1.9 添加指北针和图名 …… 155
4.2 天正建筑绘制小别墅立面图 …… 157
　　4.2.1 生成①~⑥轴立面图 …… 157
　　4.2.2 编辑修改生成的①~⑥轴
　　　　　立面图 ………………… 161
4.3 天正建筑绘制小别墅剖面图 …… 162
　　4.3.1 生成 1—1 剖面图 ……… 162
　　4.3.2 编辑修改生成的 1—1
　　　　　剖面图 ………………… 162
模块小结 …………………………… 164
习题 ………………………………… 165
上机实训 …………………………… 165

模块 5 SketchUp 操作基础 …… 170

5.1 SketchUp 软件概述 …………… 171
　　5.1.1 SketchUp 的应用与兼容 …… 171
　　5.1.2 SketchUp 的操作特点 …… 171
　　5.1.3 SketchUp 的材质库、组件库
　　　　　和插件资源 …………… 172
　　5.1.4 SketchUp 的成图及动画
　　　　　效果 …………………… 172
5.2 SketchUp 绘图环境和工具栏
　　介绍 …………………………… 172
　　5.2.1 SketchUp 绘图环境介绍 …… 172
　　5.2.2 SketchUp 常用工具栏 …… 173
5.3 SketchUp 系统参数和工作界面的
　　设置 …………………………… 177

5.3.1 系统参数设置 …………… 177
5.3.2 工作界面设置 …………… 179
5.4 视图的选择和对象的选择 ………… 181
5.4.1 视图的选择 …………… 181
5.4.2 对象的选择 …………… 183
5.5 图层的设置及坐标系 ……………… 185
5.5.1 图层的设置 …………… 185
5.5.2 坐标系 ………………… 185
5.6 绘制平面形体 …………………… 186
5.6.1 线的绘制 ……………… 186
5.6.2 面的绘制 ……………… 187
5.7 绘制立体形体 …………………… 187
5.7.1 推/拉 ………………… 187
5.7.2 路径跟随 ……………… 188
5.8 编辑图形常用工具 ……………… 189
5.8.1 移动 …………………… 189
5.8.2 旋转 …………………… 191
5.8.3 缩放 …………………… 192
5.9 辅助绘图工具 …………………… 193
5.9.1 卷尺工具 ……………… 193
5.9.2 量角器 ………………… 194
5.9.3 尺寸 …………………… 194
5.9.4 文字 …………………… 195
5.10 隐藏、显示和删除 ……………… 196
5.10.1 隐藏 ………………… 196
5.10.2 显示 ………………… 196
5.10.3 删除 ………………… 197
5.11 组群与组件的运用 ……………… 197
5.11.1 组群 ………………… 197
5.11.2 组件 ………………… 198
5.12 材质和贴图的运用 ……………… 199
5.12.1 赋予材质 …………… 199

5.12.2 编辑材质 …………… 199
模块小结 ……………………………… 201
习题 …………………………………… 201
上机实训 ……………………………… 202

模块 6 根据 CAD 图纸创建小别墅 SketchUp 模型 …………… 205

6.1 调整小别墅 CAD 图形文件 ……… 206
  6.1.1 对小别墅 CAD 图形文件进行图层管理 …………… 206
  6.1.2 将小别墅 CAD 相应图形制作成块 ………………… 207
6.2 创建小别墅的 SketchUp 模型 …… 209
  6.2.1 建立①~⑥轴立面 …… 209
  6.2.2 建立Ⓗ~Ⓐ轴立面 …… 212
  6.2.3 建立Ⓐ~Ⓗ轴立面 …… 216
  6.2.4 建立⑥~①轴立面 …… 219
  6.2.5 建立屋顶 ……………… 221
  6.2.6 建立平面 ……………… 222
  6.2.7 模型细部调整 ………… 225
模块小结 ……………………………… 226
习题 …………………………………… 227
上机实训 ……………………………… 228

附录 A …………………………… 233

附录 B …………………………… 235

附录 C …………………………… 237

参考文献 ………………………… 239

模块 1

AutoCAD操作基础

教学目标

本模块为满足建筑工程相关领域初学者使用 CAD 的要求，在教学过程中对原有全面复杂的 CAD 功能进行了一定的筛选和简化。通过本模块的学习，应达到以下目标。

（1）对 AutoCAD 2017 软件的工作界面和基本操作进行初步的认识。

（2）掌握使用 AutoCAD 绘制建筑图形的基本方法，包括绘制二维图形、编辑二维图形、绘图辅助工具、图层设置与管理、图块与外部参照、图形文字与标注及图形输出与打印的操作方法，具备熟练运用 AutoCAD 进行辅助设计的制图能力。

思维导图

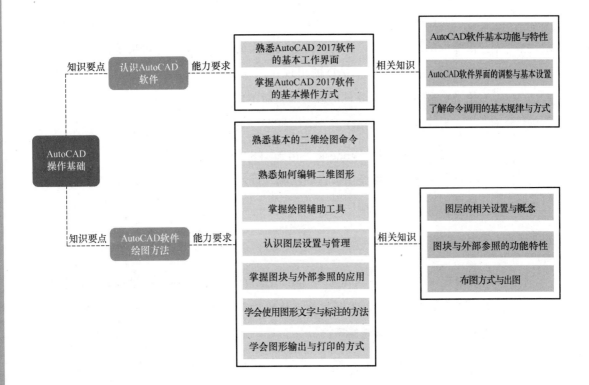

基本概念

绘图环境设置；多段线；图案图形填充；图层设置管理；图块；布图；图纸输出。

引例

CAD 是建筑工程领域最为基本的软件，可以利用 CAD 对绘制完成的基础图纸进行更广范围的编辑和辅助设计，CAD 文件可以和众多设计软件进行交互，如导入到 Sketch-Up、Rhino 等软件进行 3D 建模，导入到 Photoshop、Illustrator 进行分析图的绘制，导入到 Revit 软件进行 BIM 建模等。

1.1 AutoCAD 软件概述

1.1.1 AutoCAD 软件介绍

AutoCAD（Autodesk Computer Aided Design）是一款在工程领域功能很强大的绘图软件，大大提高了设计人员的工作效率，解决了传统手绘效率低、精度差等缺点。CAD 的出现在工程领域掀起了巨大的变革。下面将介绍 AutoCAD 2017 软件的应用及新版本的功能。

1. 认识 AutoCAD

AutoCAD 是 Autodesk 公司于 1982 年首次开发的自动计算机辅助设计软件，可用于二维绘图、详细绘制、设计文档和基本三维设计，现已经成为国际上广为流行的绘图工具。

 特别提示

计算机辅助设计（Computer Aided Design，CAD）并不是指一个 CAD 软件，更不是指 AutoCAD，而是泛指使用计算机进行辅助设计的技术，常见的建筑类 CAD 软件有 Auto-CAD、ArchiCAD、Revit、天正建筑等。

2. AutoCAD 的应用

一般意义上讲，AutoCAD 是一款用于工程设计的软件（图 1.1），广泛应用于机械、电子、土木、建筑、航空、航天、轻工、纺织等专业，是目前业界应用最广泛、功能最强大的通用型辅助设计绘图软件。AutoCAD 主要用于二维绘图，也具备有限的三维建模能力。

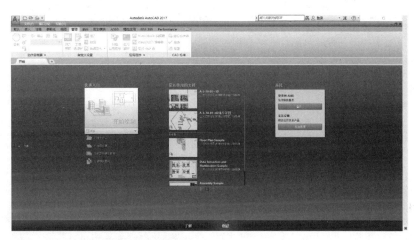

图 1.1 AutoCAD 2017 的开始界面

AutoCAD 在建筑工程领域中的应用：从前期的概念方案示意，到初步设计及最后的施工图图纸出图，都离不开 AutoCAD 软件的应用。目前阶段，AutoCAD 软件是建筑制图的核心制图软件，可以辅助设计师更高效地完成总平面图、平面图、立面图、剖面图及各类详图的绘制，并可以和其他建筑设计软件进行很好的交互，如 SketchUp、Rhino、Photoshop 等，辅助设计师更好地完成工程效果的表达。

3. AutoCAD 的功能

下面针对建筑工程领域，简单地介绍一下该软件的基本功能。

建筑设计相关软件介绍

① 图形的绘制与编辑：AutoCAD 中用户可以使用【直线】【圆弧】【圆】【椭圆】【矩形】【多边形】等基本命令绘制二维图形，并可对图形进行【修改】【删除】【移动】【旋转】【复制】【偏移】【修剪】等编辑。

② 图层的管理：使用图层管理器管理不同专业和类型的图线，可以根据颜色、线型、线宽分类管理图线，并可以控制图形的显示或打印与否，方便在制图过程中对图纸的管理。

③ 图块属性及功能：提供块及属性等功能提高绘图效率，对于经常使用到的一些图形对象组，可将其定义成块并且附加上从属于它的文字信息，需要的时候可反复插入图形中，甚至可以仅通过修改块的定义来批量修改插入进来的多个相同块。

④ 图形的标注：可对图形进行测量和标注文字及尺寸，以达到工程制图的标准。

⑤ 图形的输出及打印：AutoCAD 软件可以对设计图进行布图和打印，根据需求设置

图纸出图的比例,直接进行打印或者 pdf 出图,方便交互,如图 1.2 所示。

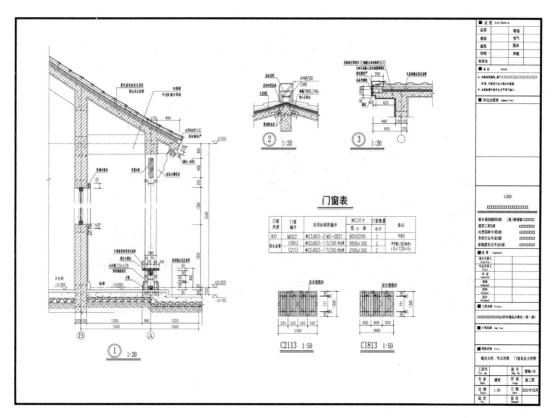

图 1.2 AutoCAD 中的相关建筑工程图纸示意

1.1.2 工作界面

1. 操作界面

AutoCAD 软件发展到现在已经非常成熟,AutoCAD 2017 的界面与前几个版本大致相似,也可以将在其他版本中设置好的工作空间进行移植置入,保留自己常用的工作空间。AutoCAD 2017 操作界面如图 1.3 所示,其主要功能分别有以下几点。

① 应用程序菜单:单击界面左上角的【应用程序】按钮,在展开的菜单中,用户可以对图形进行【新建】【打开】【保存】【另存为】【输入输出】【发布】【打印】【关闭】等操作。

② 快速访问工具栏:其位于界面的左上方,默认情况下放置了【新建】【打开】【保存】【另存为】【打印】【放弃】【重做】等常用命令的快捷图标,可以在右侧下拉菜单中继续添加其他快捷图标。

③ 标题栏:位于工作界面顶端,显示了当前运行的 dwg 文件名。

④ 功能区:分为功能区选项卡与功能区面板,它集中了 AutoCAD 所有的绘图命令,

用户在绘图过程中从中选择所需要的命令即可。

⑤ 文件选项卡：位于功能区下方，显示了 AutoCAD 同时打开的 dwg 文件名，可以单击来回切换。

⑥ 绘图窗口：是用户制图的主要工作区域，所有绘图工作均在此区域完成。

⑦ 命令行：位于绘图区下方，可在此区域输入系统命令，并显示命令提示信息。

⑧ 应用程序状态栏：位于命令行下方，界面的底端，放置了一些绘图用的辅助工具。

⑨ 菜单栏：可通过快速访问工具栏下拉菜单打开，菜单栏所涵盖的命令齐全，建议平时显示菜单栏。

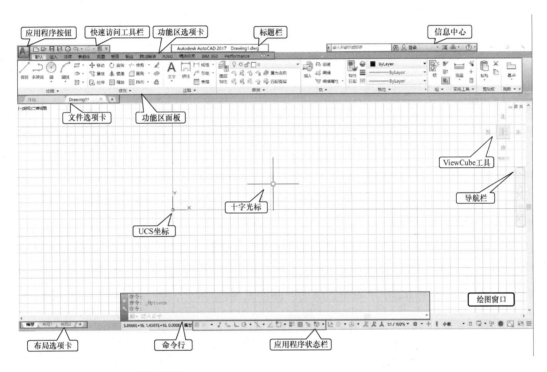

图 1.3　AutoCAD 2017 操作界面

2. 绘图环境设置

（1）图形单位的设置

根据不同行业的要求，在绘图之前需要对单位进行设置。使用左上角【应用程序】按钮，然后在【图形实用工具】展开菜单里找到【单位】按钮进行设置，或者直接在命令行里面输入"UNITS"命令并按下 Enter 键后弹出【图形单位】对话框，如图 1.4 所示。可以在【长度】选项中对图形单位进行设置，包括【分数】【工程】【建筑】【科学】【小数】选项（其中【建筑】选项的单位为英尺和英寸），并在【精度】选项设置小数位数或者分数大小。

图 1.4 【图形单位】对话框

 特别提示

在开始绘制建筑图纸时，需要在【单位】界面将单位、精度等设置明确，以减少在文件交互时可能产生的误差与错误。工作中常常会碰到在英寸的单位情况下绘制毫米工程文件的情况。

(2) 基本参数的设置

除了基本单位的设置，为提高制图效率，在绘图前可对一些参数进行相应设置，以满足不同用户习惯的需求。执行【应用程序】按钮后在右下方选择【选项】弹出对话框，如图 1.5 所示。下面将对其中常用的选项进行简单说明。

图 1.5 基本参数设置的【选项】对话框

① 显示：该选项卡用于设置窗口元素、布局元素、显示精度、十字光标大小和淡入

度控制等参数。

② 打开和保存：该选项卡主要用于设置系统保存文件的类型，以及保存文件的默认版本。

③ 打印和发布：该选项卡用于设置打印输出。

④ 系统：该选项卡用于设置图形性能、常规参数等。

⑤ 绘图：该选项卡主要用于设置绘图对象的相关操作，如自动捕捉设置、自动捕捉标记大小、靶框大小等参数。

⑥ 选择集：该选项卡主要用于设置与对象相关的参数，如拾取框大小、夹点尺寸等。

1.1.3 基本操作

1. 命令调用的方式

在 AutoCAD 2017 绘图过程中，调用命令的方式大致分为四种，分别为功能区调用、命令行调用、菜单栏调用及重复命令调用。

（1）功能区调用

功能区［图 1.6（a）］集中了软件所有的命令。在绘图时，直接单击功能区所需执行命令的图标即可。如绘制圆时，直接单击【默认】|【绘图】|【圆】即可。

（2）命令行调用

命令行调用主要适用于习惯快捷键的用户，直接在命令行［图 1.6（b）］输入相关命令的英文全名或者快捷键即可执行命令。例如"直线"的英文全名为"LINE"，快捷键为"L"，可以在命令行直接输入"LINE"或者快捷键"L"，然后按下 Enter 键或者 Space 键即可。

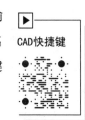

CAD快捷键

（3）菜单栏调用

在快速访问工具栏的下拉菜单选中【显示菜单栏】选项，即可在菜单栏［图 1.6（c）】【绘图】等选项中找到相应的命令。

（4）重复命令调用

在绘图过程中面对需要多次重复执行的命令时，如果需要重复上一次命令，只要直接使用 Space 键或者 Enter 键即可重复操作，或者右击选择第一项【重复（命令名称）】即可。

2. 控制视图的显示

用户可以对视图进行缩小、放大、平移等操作。

（1）视图缩放

【视图】|【视口工具】|【导航栏】开启情况下，可以在绘图窗口右侧的导航栏中

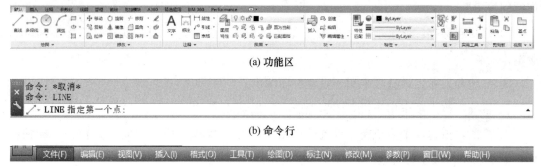

(a) 功能区

(b) 命令行

(c) 菜单栏

图 1.6　功能区、命令行、菜单栏

找到【范围缩放】，打开其下部的下拉菜单，可以找到【范围缩放】【窗口缩放】【实时缩放】【全部缩放】【动态缩放】【缩放比例】【中心缩放】【缩放对象】等相关视图缩放命令。其中【范围缩放】与【窗口缩放】是常用的两种缩放方式，【范围缩放】可以将所有图形的对象最大限度地显示在绘图窗口中，也可以双击滚轮来执行；【窗口缩放】则可以将矩形窗口内选择的图形对象放大并将其最大化显示，也可以在命令行输入全名"ZOOM"或者快捷键"Z"来执行命令。

（2）视图平移

在导航栏中可以找到平移的命令图标，当十字光标转换为黑色手型图标时，可按住鼠标左键进行拖动，移动视图；也可以直接按住滚轮来进行图形平移的操作。

（3）视图重画与重生成

重画：在命令行中输入"REDRAW"或"REDRAWALL"然后按下 Enter 键，可以从当前窗口中删除编辑命令留下的点标记或者编辑图形留下的点标记，是对图形的刷新操作。

重生成：在命令行中输入"REGEN"或"REGENALL"然后按下 Enter 键，可以对视图中的图形进行重生成的操作，从而优化显示和对象选择的性能。

 特别提示

在绘图过程中常常会碰到屏幕放大或者缩小到一定程度后无法再利用鼠标继续放大或者缩小的情况，这个时候通过快捷命令"REGEN"重生成一下，就可以继续放大或者缩小绘图文件了。当碰到需要将 AutoCAD 中简化显示的图形精准显示时，也可以用到这个命令。

3. 图形文件的管理

AutoCAD 2017 图形文件的管理涉及新建、打开、保存及关闭等操作。

（1）新建图形

可以采用以下四种方式进行图形新建。

① 利用【应用程序】命令：【应用程序】|【新建】命令，可打开【选择样板】对话框，选择样板文件进行新建，如图 1.7 所示（注：样本文件可以根据用户的需求提前设置好）。

② 利用快速访问工具栏：在左上方快速访问工具栏中单击【新建】命令，其后操作同上。

③ 利用命令行：在命令行中输入全名"NEW"后按 Enter 键，即可出现【选择样板】对话框，其后操作同上。

④ 其他快捷键：使用"Ctrl+N"快捷键，其后操作同上。

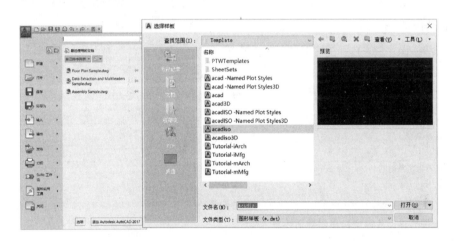

图 1.7　新建图形示意

（2）打开图形

【应用程序】|【打开】命令，找到图形文件的位置后，根据需求在文件类型中选择好需要打开的文件类型打开文件。打开方式共有四种：打开、以只读方式打开、局部打开、以只读方式局部打开。针对局部打开的方式，用户可以根据自身的需求选择需要打开的图层。

（3）保存图形

在 AutoCAD 2017 中，保存图形文件的方式分为保存和另存为，即【应用程序】|【保存】/【另存为】，或在命令行输入"SAVE"或"SAVEAS"。针对已经保存的文件可以通过"Ctrl+S"进行快速保存。另外，如果需要将文件存为不同的版本，可以在执行【另存为】后，在【图形另存为】对话框中选择用户需要保存的文件类型进行保存。

特别提示

可以在【选项】|【打开和保存】（图1.5）事先设置好CAD图形需要另存为的版本，这样每次保存文件的时候都会默认保存成用户设置好的版本。

(4) 关闭图形

绘图完毕并保存后，可以单击【应用程序】|【关闭】命令进行关闭，也可以单击绘图窗口右上角的【×】按钮进行文件的关闭。

4. 视口的显示

默认情况下AutoCAD 2017的绘图窗口为一个，而用户可根据需求设置多个窗口进行绘图。通过【视图】|【模型视口】|【视口配置】命令，可以选择多种窗口显示的方式，如图1.8左侧所示，也可以在后期通过视口的【合并】等命令进行相应的调整，以优化软件的操作性。

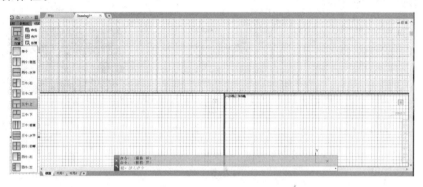

图1.8 多种窗口显示界面示意

 特别提示

合理利用好视口配置。多视口虽然能提高绘图的效率，但一定程度上会影响计算机处理文件的速度，比如打开文件、保存文件及绘图过程的时间。

1.2 AutoCAD绘图方法

1.2.1 绘制二维图形

二维图形命令是AutoCAD软件操作的最基本的命令之一，这些命令包括【点】【直线】【圆弧】【圆环】【圆】【椭圆】【矩形】【多边形】【多段线】【样条曲线】【修定云线】等。执行命令的方法一般有两种，即使用命令操作和使用快捷键操作。本节将重点介绍在建筑工程中常用的二维图形命令。

1. 直线类对象

（1）直线

命令操作：【默认】｜【绘图】｜【直线】，移动鼠标确定起始点，并输入直线距离值。

命令行操作：在命令行中输入全名"LINE"或快捷键"L"，如图1.9所示。

```
命令: L
LINE
指定第一个点:
指定下一点或 [放弃(U)]:
指定下一点或 [放弃(U)]:
```

图1.9 【直线】命令行操作

（2）多段线

命令操作：【默认】｜【绘图】｜【多段线】，移动鼠标确定起始点，并输入直线距离值。

命令行操作：在命令行中输入全名"PLINE"或快捷键"PL"。

多段线可以由相连的直线和圆弧组成，也可以改变其宽度。命令行中的各个选项如图1.10所示，"圆弧"可以将直线改变成圆弧进行绘制；"闭合"可以默认将多线段起点作为闭合终点；"半宽""宽度"可以改变多段线的宽度。

```
PLINE
指定起点:
当前线宽为 0.0000
指定下一个点或 [圆弧(A)/半宽(H)/长度(L)/放弃(U)/宽度(W)]:
指定下一点或 [圆弧(A)/闭合(C)/半宽(H)/长度(L)/放弃(U)/宽度(W)]:
```

图1.10 【多段线】命令行操作

 特别提示

【多段线】是建筑工程制图过程中的常用命令，由于其宽度可变的属性，可以用多段线表达各类线型。此类线宽与后文讲到的图层线宽是不同的概念，多段线的线宽不可通过【显示/隐藏线宽】命令来变化。同时可用多段线闭合的方式来统计面积与周长等参数。

（3）构造线

命令操作：【默认】｜【绘图】｜【构造线】，确定起点，移动鼠标确定通过点。

命令行操作：在命令行中输入全名"XLINE"或快捷键"XL"。

构造线是无限延伸的线，可以作为绘图时的参照线。命令行中的各个选项如图1.11所示。

```
命令：XL
XLINE
指定点或 [水平(H)/垂直(V)/角度(A)/二等分(B)/偏移(O)]:
指定通过点：
```

图1.11 【构造线】命令行操作

（4）多线

命令操作：在菜单栏中选择【绘图】｜【多线】，移动鼠标确定起始点，并输入直线距离值。

命令行操作：在命令行中输入全名"MLINE"或快捷键"ML"，如图1.12（a）所示。

多线是由多条平行线组成的，而平行线之间的距离和线数可以通过【多线样式】再进行设置。多线主要绘制建筑平面图中的墙体，在绘制过程中，建议先设置好多线样式再进行绘制。在菜单栏中选择【格式】｜【多线样式】｜【新建】，在弹出的【创建新的多线样式】对话框中给定新样式名后，可弹开如图1.12（b）所示的对话框，可以新建样式，

```
MLINE
当前设置：对正 = 上，比例 = 20.00，样式 = STANDARD
指定起点或 [对正(J)/比例(S)/样式(ST)]:
指定下一点：
指定下一点或 [放弃(U)]:
```

(a)【多线】命令行操作

(b) 多线样式设置

(c) 多线样式编辑

图1.12 多线创建

设置相关参数。在绘制多线的过程中，可以双击多线（或在命令行输入"MLEDIT"）弹出【多线编辑工具】对话框，进行相应的多线相交模式的选择，如图1.12（c）所示。

2. 曲线类对象

（1）圆弧

命令操作：【默认】｜【绘图】｜【圆弧】，移动鼠标确定起始点。

命令行操作：在命令行中输入全名"ARC"或快捷键"A"，如图1.13所示。

绘制圆弧的方式有很多种，包括"三点""起点、圆心、端点""起点、圆心、角度""圆心、起点、端点"等类型。

```
命令: ARC
指定圆弧的起点或 [圆心(C)]:
指定圆弧的第二个点或 [圆心(C)/端点(E)]:
指定圆弧的端点:
```

图1.13 【圆弧】命令行操作

（2）圆

命令操作：【默认】｜【绘图】｜【圆】，移动鼠标确定圆心，并输入半径。

命令行操作：在命令行中输入全名"CIRCLE"或快捷键"C"，如图1.14所示。

可以通过六种方式绘制圆形，分别有"圆心、半径""圆心、直径""两点""三点""切点、切点、半径"及"切点、切点、切点"。

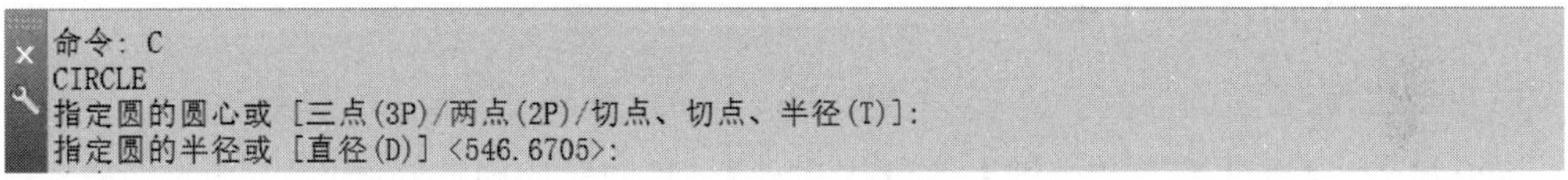

```
命令: C
CIRCLE
指定圆的圆心或 [三点(3P)/两点(2P)/切点、切点、半径(T)]:
指定圆的半径或 [直径(D)] <546.6705>:
```

图1.14 【圆】命令行操作

（3）椭圆

命令操作：【默认】｜【绘图】｜【椭圆】，移动鼠标确定椭圆中心点，并输入轴端点和半轴长度。

命令行操作：在命令行中输入全名"ELLIPSE"或快捷键"EL"，如图1.15所示。

可以通过三种方式绘制椭圆，分别为"中心点""轴、端点"和"圆弧"。

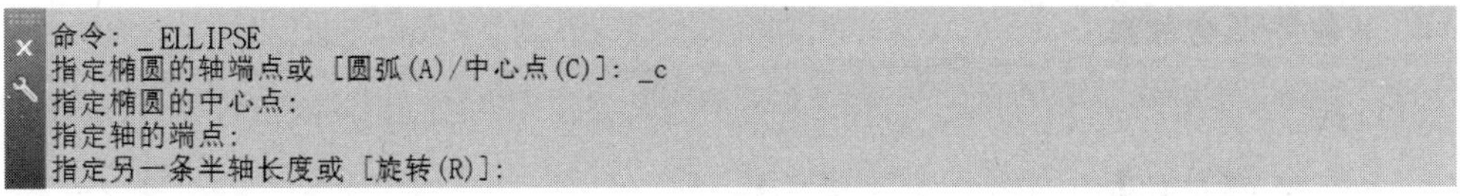

```
命令: _ELLIPSE
指定椭圆的轴端点或 [圆弧(A)/中心点(C)]: _c
指定椭圆的中心点:
指定轴的端点:
指定另一条半轴长度或 [旋转(R)]:
```

图1.15 【椭圆】命令行操作

（4）样条曲线

命令操作：【默认】｜【绘图】｜【样条曲线】，移动鼠标确定起始点。

命令行操作：在命令行中输入全名"SPLINE"或快捷键"SPL"，如图 1.16 所示。

可通过样条曲线绘制不规则的曲线图形，可用于表达不规则变化曲率半径的曲线。共有两种绘制模式，分别为"样条曲线拟合"和"样条曲线控制点"。

```
命令: SPL
SPLINE
当前设置: 方式=拟合    节点=弦
指定第一个点或 [方式(M)/节点(K)/对象(O)]:
输入下一个点或 [起点切向(T)/公差(L)]:
```

图 1.16 【样条曲线】命令行操作

3. 矩形和多边形类对象

（1）矩形

命令操作：【默认】|【绘图】|【矩形】，移动鼠标确定起始角点。

命令行操作：在命令行中输入全名"RECTANG"或快捷键"REC"，如图 1.17 所示。

命令行中的各个选项如图 1.17 所示，其中通过"倒角""圆角"可绘制出带倒角或圆角的矩形。

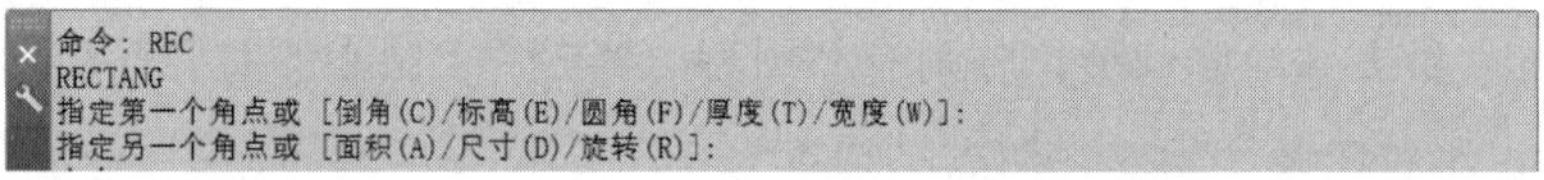

```
命令: REC
RECTANG
指定第一个角点或 [倒角(C)/标高(E)/圆角(F)/厚度(T)/宽度(W)]:
指定另一个角点或 [面积(A)/尺寸(D)/旋转(R)]:
```

图 1.17 【矩形】命令行操作

（2）多边形

命令操作：【默认】|【绘图】|【多边形】，移动鼠标确定起始点。

命令行操作：在命令行中输入全名"POLYGON"或快捷键"POL"，如图 1.18 所示。

```
命令: _POLYGON 输入侧面数 <4>:
指定正多边形的中心点或 [边(E)]:
输入选项 [内接于圆(I)/外切于圆(C)] <I>: I
指定圆的半径:
```

图 1.18 【多边形】命令行操作

4. 其他图形类对象

（1）点

命令操作：【默认】|【绘图】|【点】。

命令行操作：在命令行中输入全名"POINT"或快捷键"PO"，如图 1.19 所示。

可在菜单栏中选择【格式】|【点样式】，打开【点样式】对话框，选择不同的点样式，一共有 20 种类型。另外，可以通过【默认】|【绘图】|【定数等分】|【定距等

分】在选择的曲线或线段上用【点】按照指定的段数或者距离进行平均等分。

```
命令: PO
POINT
当前点模式: PDMODE=0  PDSIZE=0.0000
指定点:
```

图 1.19 【点】命令行操作

（2）修订云线

命令操作：【默认】｜【绘图】｜【修订云线】。

命令行操作：在命令行中输入全名"REVCLOUD"或快捷键"REVC"，如图 1.20 所示。

```
命令: _REVCLOUD
最小弧长: 3.3333   最大弧长: 3.3333   样式: 手绘   类型: 矩形
指定第一个角点或 [弧长(A)/对象(O)/矩形(R)/多边形(P)/徒手画(F)/样式(S)/修改(M)] <对象>: _R
```

图 1.20 【修订云线】命令行操作

修订云线是由连续圆弧组成的多段线，在建筑工程制图中主要用作检查或对象标记。可以通过【修订云线】中的"对象"将闭合对象（如圆、椭圆、矩形、闭合的多段线或样条曲线等）直接转换为修订云线。

修订云线

 特别提示

修订云线主要是在建筑施工图过程中会用到，如施工图纸升版图、修改联系单等，用于提示看图人员修改的内容。

（3）徒手线

命令行操作：在命令行中输入全名"SKETCH"，如图 1.21 所示。

徒手线由多条线段组成，用户可以根据自己的需求绘制任意形状。

```
命令: SKETCH
类型 = 直线   增量 = 1.0000   公差 = 0.5000
指定草图或 [类型(T)/增量(I)/公差(L)]:
指定草图:
已记录 136 条直线。
```

图 1.21 【徒手线】命令行操作

（4）图案填充

命令操作：【默认】｜【绘图】｜【图案填充】。

命令行操作：在命令行中输入全名"HATCH"或快捷键"H"，如图 1.22（a）所示。

执行【图案填充】命令后会出现【图案填充创建】选项卡，如图 1.22（b）所示，在命令行输入"T（设置）"出现【图案填充和渐变色】对话框（根据以往版本此对话框使用相对方便），如图 1.22（c）所示，可在对话框中设置图案的样式、颜色、角度和比例或填充的方式（孤岛）等。

(a)【图案填充】命令行操作

(b)【图案填充创建】选项卡

(c)【图案填充和渐变色】对话框

图 1.22　图案填充

1.2.2　编辑二维图形

图形编辑是对已有的图形进行选择、修改、移动、复制等操作，AutoCAD 2017 为用户提供了多种编辑命令，在实际绘图过程中通过交替使用编辑命令，可大大提高用户的绘图效率，本节从图形对象的选择、图形对象的复制、图形位置与大小的改变、图形对象的修改四方面重点介绍几种常用的图形编辑命令。

1. 图形对象的选择

（1）对象选择

在 AutoCAD 2017 中，可以通过单击图形的方式，也可以通过框选等方式完成对图形对象的选择。

① 点选图形：用户直接单击选择图形，当需要除去已选择的选项时，可以通过 Shift

键+单击鼠标左键来选择需要除去的对象。

② 框选图形：需要选择大量图形时，建议使用框选。目前 AutoCAD 2017 默认的框选方式是套索框选，需要先在【选项】里取消选中【允许按住并拖动套索】选项才能应用矩形框选（【选项】|【选择集】）。用户只需要在绘图窗口按住鼠标左键拖动光标至合适位置，此时会显示一个矩形框，再次单击即可完成选择。如图 1.23 所示，AutoCAD 2017 有两种不同的框选模式：从左向右框选，显示矩形框为蓝色，只可选中矩形框内的图形，与矩形框相交的图形则不能被选中；从右向左框选，显示矩形框为绿色，可选中矩形框内和与矩形框相交的图形。

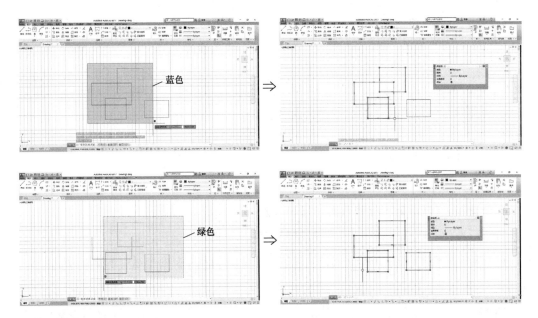

图 1.23　框选示意

（2）对象恢复

命令操作：在快速访问工具栏中选择【放弃 】。

命令行操作：在命令行中输入"OOPS"或"U"或快捷键"Ctrl+Z"。

（3）对象删除

命令操作：鼠标左键选择需要删除的图形后，右击选择【删除】，或者在菜单栏中选择【编辑】|【删除】。

命令行操作：在命令行中输入"ERASE"或直接按 Delete 键。

2. 图形对象的复制

（1）复制

命令操作：【默认】|【修改】|【复制】。

命令行操作：在命令行中输入"COPY"或快捷键"CO"，如图1.24所示。

```
命令: CO
COPY
选择对象: 找到 1 个
选择对象:
当前设置:  复制模式 = 多个
COPY 指定基点或 [位移(D) 模式(O)] <位移>:
```

图1.24 【复制】命令行操作

(2) 偏移

命令操作：【默认】|【修改】|【偏移】。

命令行操作：在命令行中输入"OFFSET"或快捷键"O"，如图1.25所示。

【偏移】命令可将对象根据指定的距离，创建一个与选定对象类似的新对象，偏移的对象可以为直线、圆弧、圆、椭圆、二维多段线、样条曲线等。

```
命令: O
OFFSET
当前设置: 删除源=否  图层=源  OFFSETGAPTYPE=0
指定偏移距离或 [通过(T)/删除(E)/图层(L)] <通过>: 1200
选择要偏移的对象，或 [退出(E)/放弃(U)] <退出>:
OFFSET 指定要偏移的那一侧上的点，或 [退出(E) 多个(M) 放弃(U)] <退出>:
```

图1.25 【偏移】命令行操作

(3) 镜像

命令操作：【默认】|【修改】|【镜像】。

命令行操作：在命令行中输入"MIRROR"或快捷键"MI"，如图1.26所示。

将指定的对象按给定的轴线进行反向复制，即镜像。【镜像】命令适用于绘制对称图形。

```
命令: MI
MIRROR
选择对象: 找到 1 个
选择对象: 指定镜像线的第一点:
指定镜像线的第二点:
MIRROR 要删除源对象吗？ [是(Y) 否(N)] <否>:
```

图1.26 【镜像】命令行操作

(4) 阵列

命令操作：【默认】|【修改】|【阵列】。

命令行操作：在命令行中输入"ARRAY"或快捷键"AR"，如图1.27所示。

阵列可以分为三种模式，即矩形阵列、路径阵列和极轴阵列。

```
命令: AR
ARRAY
选择对象: 找到 1 个
选择对象: 输入阵列类型 [矩形(R)/路径(PA)/极轴(PO)] <矩形>:
类型 = 矩形  关联 = 是
ARRAY 选择夹点以编辑阵列或 [关联(AS) 基点(B) 计数(COU) 间距(S) 列数(COL) 行数(R) 层数(L) 退出(X)] <退出>:
```

图1.27 【阵列】命令行操作

特别提示

路径阵列指沿路径或部分路径均匀分布对象副本。路径可以是直线、多段线、三维多段线、样条曲线、螺旋、圆弧、圆或椭圆。

3. 图形位置与大小的改变

（1）移动

命令操作：【默认】│【修改】│【移动】。

命令行操作：在命令行中输入"MOVE"或快捷键"M"，如图1.28所示。

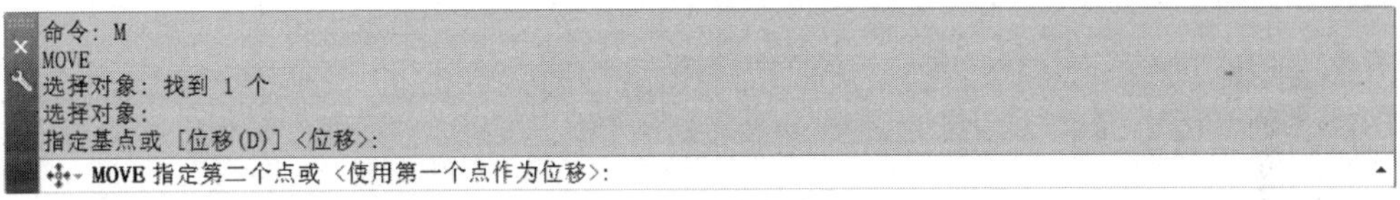

图1.28 【移动】命令行操作

（2）对齐

命令操作：【默认】│【修改】│【对齐】。

命令行操作：在命令行中输入"ALIGN"或快捷键"AL"，如图1.29所示。

还可以通过【移动】【旋转】等命令来使一个对象与另一个对象对齐。

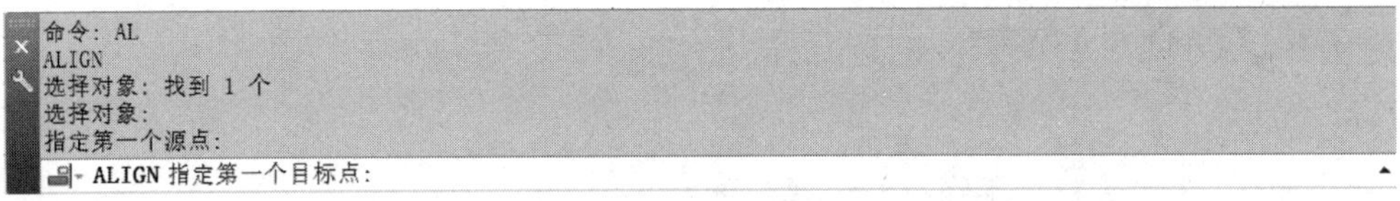

图1.29 【对齐】命令行操作

（3）旋转

命令操作：【默认】│【修改】│【旋转】。

命令行操作：在命令行中输入"ROTATE"或快捷键"RO"，如图1.30所示。

在确定基点后，可以在命令行选择【复制】或【参照】选项来继续对旋转进行编辑。

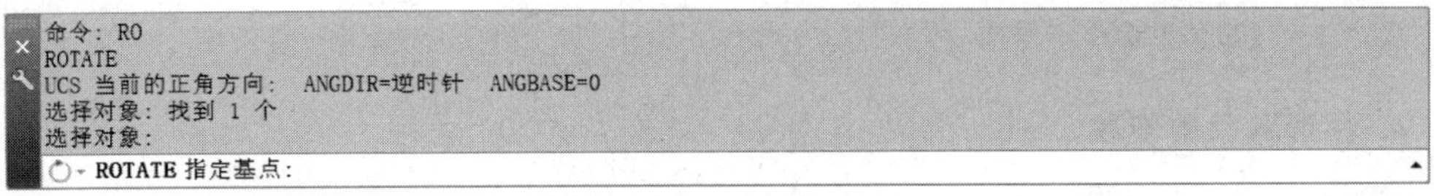

图1.30 【旋转】命令行操作

(4) 修剪

命令操作：【默认】｜【修改】｜【修剪】。

命令行操作：在命令行中输入"TRIM"或快捷键"TR"，如图1.31所示。

【修剪】是用指定的边界（可由直线、圆弧、圆等一个或多个对象组成）修剪指定的对象。按住 Shift 键可以启用【延伸】命令。

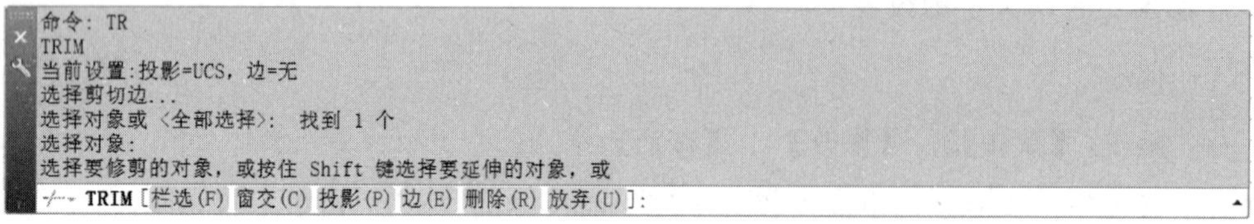

图1.31 【修剪】命令行操作

(5) 延伸

命令操作：【默认】｜【修改】｜【延伸】。

命令行操作：在命令行中输入"EXTEND"或快捷键"EX"，如图1.32所示。

【延伸】是将对象图形延伸到指定的边界。按住 Shift 键可以启用【修剪】命令。

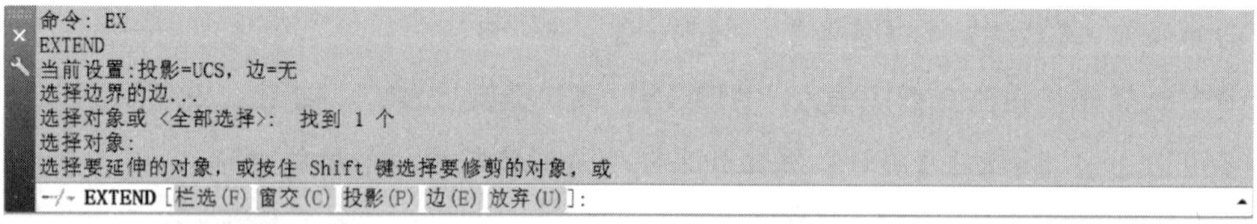

图1.32 【延伸】命令行操作

(6) 拉伸

命令操作：【默认】｜【修改】｜【拉伸】。

命令行操作：在命令行中输入"STRETCH"或快捷键"S"，如图1.33所示。

【拉伸】是通过拖拉选择的对象，使之形状发生改变。

图1.33 【拉伸】命令行操作

4. 图形对象的修改

(1) 圆角

命令操作：【默认】｜【修改】｜【圆角】。

命令行操作：在命令行中输入“FILLET”或快捷键“F”，如图1.34所示。

【圆角】是通过指定的半径顺滑地连接两个对象。

```
命令: F
FILLET
当前设置: 模式 = 修剪, 半径 = 0.0000
FILLET 选择第一个对象或 [放弃(U) 多段线(P) 半径(R) 修剪(T) 多个(M)]:
```

图1.34 【圆角】命令行操作

特别提示

【圆角】命令可以在一定程度上代替【圆弧】命令绘制圆弧，当将圆弧半径设为“0”时，等同于将角度设置为直角。

(2) 倒角

命令操作：【默认】|【修改】|【倒角】。

命令行操作：在命令行中输入“CHAMFER”或快捷键“CHA”，如图1.35所示。

【倒角】是将两个图形对象以平角或倒角的方式连接起来，即用斜线连接。

```
命令: CHA
CHAMFER
("修剪"模式) 当前倒角距离 1 = 0.0000, 距离 2 = 0.0000
CHAMFER 选择第一条直线或 [放弃(U) 多段线(P) 距离(D) 角度(A) 修剪(T) 方式(E) 多个(M)]:
```

图1.35 【倒角】命令行操作

(3) 分解

命令操作：【默认】|【修改】|【分解】。

命令行操作：在命令行中输入“EXPLODE”或快捷键“X”，如图1.36所示。

```
命令: EXPLODE
选择对象: 找到 1 个
EXPLODE 选择对象:
```

图1.36 【分解】命令行操作

(4) 合并

命令操作：【默认】|【修改】|【合并】。

命令行操作：在命令行中输入“JOIN”或快捷键“J”，如图1.37所示。

```
命令: JOIN
选择源对象或要一次合并的多个对象: 找到 1 个
JOIN 选择要合并的对象:
```

图1.37 【合并】命令行操作

(5) 打断

命令操作：【默认】│【修改】│【打断】。

命令行操作：在命令行中输入"BREAK"或快捷键"BR"，如图 1.38 所示。

在【修改】菜单中，打断有两种方式，在两点之间打断选定对象与在一点打断选定对象。

```
命令: BREAK
选择对象:
BREAK 指定第二个打断点 或 [第一点(F)]:
```

图 1.38 【打断】命令行操作

1.2.3 绘图辅助工具

在绘图过程中，合理利用辅助功能，可以轻松、快捷地绘制出精确的图形，本节将通过捕捉功能、图形特性功能及查询功能三部分内容的阐述，对辅助工具进行简单的介绍。

1. 捕捉功能

捕捉功能可以在应用程序状态栏中找到相应的功能，也可以从菜单栏中选择【工具】│【绘图设置】，打开【草图设置】对话框进行设置。

（1）捕捉和栅格

命令操作：在应用程序状态栏中选择【捕捉 ▦ 】。

开启快捷键操作：F9 键。

使用捕捉和栅格可以让用户创建一个隐形的栅格，约束光标只能落在栅格的某一个节点上，能够精确地捕捉栅格上的点。在【草图设置】对话框中的【捕捉和栅格】选项卡中可以设置 X 轴与 Y 轴的间距，如图 1.39 所示。

（2）对象捕捉

命令操作：在应用程序状态栏中选择【对象捕捉 ▢ 】。

开启快捷键操作：F3 键。

通过对象捕捉，可以快速地定位图形中的中点、圆心、节点、交点、垂足等，从而使绘图更加精确，可以在【草图设置】对话框中的【对象捕捉】选项卡中选择需要捕捉的位置点，如图 1.40 所示。

（3）极轴追踪

命令操作：在应用程序状态栏中选择【极轴追踪 ⊕ 】。

开启快捷键操作：F10 键。

图 1.39 【捕捉和栅格】选项卡

图 1.40 【对象捕捉】选项卡

可以预先设置好增量角,如图 1.41 所示。在绘图过程中需要指定点时,用户可以找到该增量角显示的辅助线,帮助用户沿着辅助线追踪到指定点。在【极轴追踪】|【对象捕捉追踪设置】中点选【仅正交追踪】后,可以实现水平或者垂直方向上的极轴追踪。

(4)正交模式

命令操作:在应用程序状态栏中选择【正交 】。

开启快捷键操作:F8 键。

正交模式开启后,光标只能限制在水平或者垂直方向上移动绘图。

(5)动态输入

命令操作:在应用程序状态栏中选择【动态输入 】。

开启快捷键操作:F12 键。

【动态输入】可以在绘制过程中直接动态地输入各种参数,使得绘图更加直观,如图 1.42 所示。

图 1.41 【极轴追踪】选项卡

图 1.42 【动态输入】选项卡

2. 图形特性功能

用户可以通过【特性】查看图形的各类属性,包括常规的颜色、图层、线型等,以及几何图形的起始位置、面积、长度等属性,从而了解 CAD 图纸中的各种详细信息。在特性面板中可以方便地设置或修改图形的各类属性。不同的对象属性、种类和值不同,修改属性值后,对象将被赋予新的属性。

命令操作:【视图】│【选项板】│【特性】。

命令行操作:在命令行中输入全名"PROPERTIES"或快捷键"Ctrl+1"。

3. 查询功能

用户可以通过查询工具,对图形的距离、面积、周长等图形信息进行查询,方便用户及时了解当前绘制的相关信息。

(1) 距离查询

命令操作:【默认】│【实用工具】│【测量】│【距离】。

命令行操作:在命令行中输入"MEASUREGEOM"或快捷键"MEA",如图 1.43 所示,选择"距离"。(其他命令:DIST)

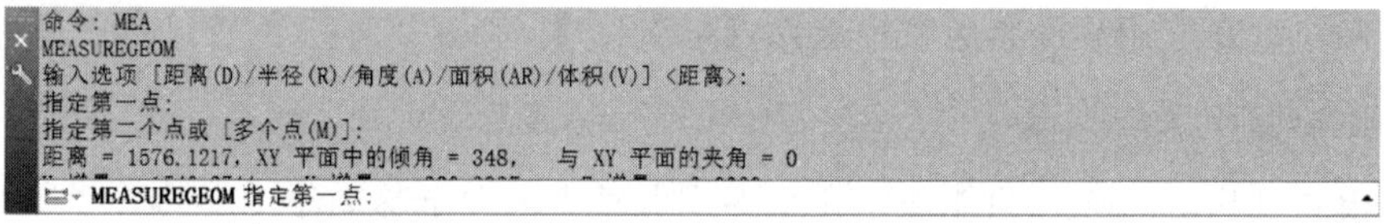

图 1.43 【测量】命令行操作

(2) 面积查询

命令操作:【默认】│【实用工具】│【测量】│【面积】。

命令行操作:在命令行中输入"MEASUREGEOM"或快捷键"MEA",选择"面积"。(其他命令:AREA)

(3) 其他查询

可以通过鼠标左键选择对象,然后右击选择【特性】,了解其相关几何信息。也可以通过鼠标左键选择对象,输入"LIST"后了解其相关几何信息。

1.2.4 图层设置与管理

图层是提高 AutoCAD 软件制图的另一种有效的工具,绘图时可以使用图层来组织不同类型的信息,如同在手工绘图中使用重叠透明的图纸。其内容主要包括创建图层、设置图层特性及图层管理等。

1. 图层概述

图层就像是透明的胶片,可以在其上绘制不同的对象,同一个图层中的对象在默认情况下都具有相同的颜色、线型、线宽等对象特征，可以透过一个或者多个图层看到下面其他图层上绘制的对象。

每个图层还具备控制图层可见和锁定等的控制开关，可以很方便地对每个图层进行单独的控制，用户可对各个图层的特性进行单独设置，包括名称、打开/关闭、锁定/解锁、颜色、线型、线宽等。运用图层可以很好地组织不同类型的图形信息，使得这些信息便于管理，可以通过【默认】｜【图层】｜【图层特性】，打开【图层特性管理器】对话框，如图1.44所示。

图1.44 【图层特性管理器】对话框

2. 图层设置

（1）创建图层

命令操作：【默认】｜【图层】｜【图层特性】｜ 。

创建图层后可以对其进行命名。

图层

（2）图层颜色设置

通过为图层设置不同的颜色来区分不同图层。单击【图层特性管理器】对话框中图层相应的颜色，弹出如图1.45所示的【选择颜色】对话框，用户可以在【索引颜色】【真彩色】和【配色系统】三个选项卡中进行颜色的选择（注：图层颜色的提前设置也有利于后期出图打印时对打印样式表中线型的设置）。

（3）图层线型设置

用户可以对每个图层的线型样式进行设置。默认情况为"Continuous"线型，在【选择线型】对话框中可以加载其他不同类型的线型，以满足建筑工程制图时不同表达的要求，如图1.46所示。

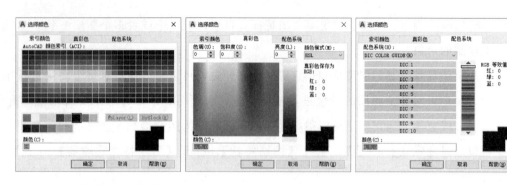

图 1.45 【选择颜色】对话框

图 1.46 线型选择和加载

（4）图层线宽设置

建筑工程制图过程中需要对不同属性的线设置不同的线宽，可在【图层特性管理器】对话框中对图层相应的线宽进行设置。

 特别提示

不同的设计院对图纸图层的要求会有差异，因此在开始进行绘图之前，不妨制作一份自己的绘图图层标注，这样有利于图纸的统一及后期打印设置时的配套，在今后的建筑工程制图过程中也能达到事半功倍的效果。

3. 图层管理

（1）置为当前图层

将图层置为当前图层后可在此图层上绘制图形，置为当前图层的方式有如下三种。

① 直接在【默认】｜【图层】界面的图层下拉菜单中选中需要置为当前的图层。

② 使用【默认】｜【图层】｜【置为当前】按钮，选择相应图层。

③ 在【图层特性管理器】对话框中直接双击需要置为当前的图层。

(2) 打开/关闭图层

默认情况下图层是打开状态。如果在绘图过程中需要关闭某个图层，可以通过关闭图层操作来对图层进行设置，关闭后的图层不能被编辑与打印，操作方式有如下三种。

① 在【图层特性管理器】对话框中直接单击 ♀ 进行打开/关闭图层。

② 通过【默认】｜【图层】｜ ☞ 来关闭选定对象的图层。

③ 通过快捷命令"LAYON"或"LAYOFF"来打开/关闭选定对象的图层。

(3) 锁定/解锁图层

当某图层被锁定后，该图层上的所有图形将无法进行修改或编辑，被锁定后的图层将淡显，这有利于降低绘图时的失误操作。操作方式有如下三种。

① 在【图层特性管理器】对话框中直接单击 ☞ 进行锁定/解锁图层。

② 通过【默认】｜【图层】｜ ☞ 来锁定选定对象的图层。

③ 通过快捷命令"LAYLCK"或"LAYULK"来锁定/解锁选定对象的图层。

(4) 删除图层

删除多余的图层，有如下两种方法。

① 在【图层特性管理器】对话框中选中需要删除的图层后直接单击 ☞ 进行删除。

② 在【图层特性管理器】对话框中右击选择需要删除的图层后选择【删除图层】。

(5) 隔离图层

隔离图层与锁定图层的用法相似，但隔离图层只能对选中的图层进行修改操作，其他未选中的图层将被设置为锁定或者隐藏状态，方便用户对某图层进行修改编辑。操作方式有如下三种。

① 在【图层特性管理器】对话框中选中图层后直接右击选择【隔离选定的图层】。

② 通过【默认】｜【图层】｜ ☞ 来隔离选定对象的图层。

③ 通过快捷命令"LAYISO"或"LAYUNISO"来隔离/恢复选定对象的图层。

(6) 图层状态管理器

当绘制一些较为复杂的建筑工程图纸时，需要创建多个图层并根据不同出图要求设置相应的图层开关，而每次重新去设置这些图层的开关将大大降低绘图的效率。【图层状态管理器】对话框（图1.47）可以新建和保存当前设置好的图层状态，在不同绘图状态下只要双击已保存的图层状态即可恢复到相应图层打开/关闭的状态。

图1.47 【图层状态管理器】对话框

可通过【图层特性管理器】对话框中的 打开【图层状态管理器】对话框。

1.2.5 图块与外部参照

在绘制一些相同的图形时,如果仅靠手工绘制或者复制,会大大降低制图效率,后期修改起来也比较麻烦,而如果利用 AutoCAD 软件中的图块功能,则可以帮助用户更高效地修改同类图块。用户还可以将已有的图形文件通过参照的方式插入到当前图形中,提高工程制图的效率。

1. 图块

图块是由一个或者多个图形组成的集合,经常用于绘制重复或者复杂的图形。使用方式有两种,创建图块或插入图块。

图块

(1) 创建图块

命令操作：【默认】｜【块】｜ 。

命令行操作：在命令行中输入"BLOCK"或快捷键"B"。

如图 1.48 的【块定义】对话框所示,创建图块时,用户可以设置图块的名称、基点、对象等。

图 1.48 【块定义】对话框

 特别提示

在绘制立面图、剖面图或者有大量重复模块的文件时,往往将其图元制作成图块后进行复制绘图,这有利于在后期修改时仅修改一个图块就能达到其他重复单元同步修改的效果。

(2) 插入图块

命令操作：【默认】｜【块】｜【插入】。

命令行操作：在命令行中输入"INSERT"或快捷键"I"。

通过插入块操作可以将外部已经准备好的块直接导入到图形中,【插入】对话框如图 1.49 所示。

图 1.49 【插入】对话框

(3) 图块属性编辑

① 创建和附着图块属性：图块的【属性定义】包括属性模式、属性、插入点和文字设置，可以通过【插入】|【块定义】|【定义属性】，打开【属性定义】对话框进行设置，如图 1.50 所示。

图 1.50 【属性定义】对话框

② 编辑块的属性：插入带属性的块后，可以对已经附着到块和插入图形的块的全部属性及其他特性进行编辑，可以通过【插入】|【块】|【编辑属性】，选择块以后，在【增强属性编辑器】对话框中对其属性、文字选项、特性三方面进行编辑，如图 1.51 所示。

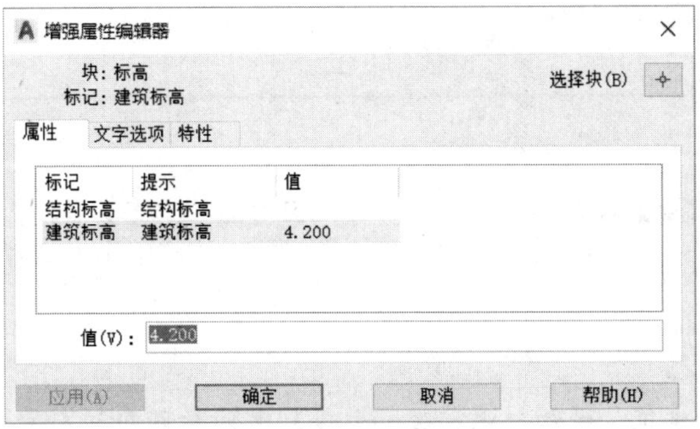

图 1.51 【增强属性编辑器】对话框

2. 外部参照

外部参照是将已有的图形文件以参照的方式插入到图形中，系统只会把它当作一个单独的图形，文件中不能对外部参照图形进行修改绘制，但可以对其图层进行打开/关闭，当原图形修改或更新时，参照文件也会随之更新。

（1）附着外部参照

命令操作：【插入】|【参照】|【附着】。

命令行操作：在命令行中输入"ATTACH"。

【附着外部参照】对话框如图1.52所示。参照可以选择多种图形类型，在常用的dwg文件中，参照类型分为两种，分别为附着型和覆盖型。

附着外部参照

① 附着型：在图形中附着附着型的外部参照时，若其中嵌套有其他外部参照，则将嵌套的外部参照包含在内。

② 覆盖型：在图形中附着覆盖型外部参照时，任何嵌套在其中的覆盖型外部参照都将被忽略，而本身也不能显示。

（2）管理参照

命令操作：在菜单栏中选择【插入】|【外部参照】。

命令行操作：在命令行中输入"EXTERNALREFERENCES"或快捷键"ER"。

外部参照相关信息可以在【外部参照】对话框（图1.53）中显示，包括参照名、状态、大小、保存路径等，用户可以在此界面通过右击文件来选择是否卸载、重载、拆离、绑定等。

图1.52 【附着外部参照】对话框

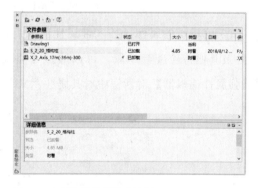
图1.53 【外部参照】对话框

特别提示

在对不同专业（建筑、结构、水、暖、电等）之间的图纸进行校对复核时，往往利用参照模式，这样既可以使文件管理更为方便，又可以在链接文件更新时及时在文件中看到更新情况。在参照模式下，各专业可实现网络协同配合时的相互参照。

1.2.6 图形文字与标注

建筑工程制图除了图形对象的绘制外，后期还需要在图纸上进行文字说明及尺寸标注，以满足图纸出图的要求。

1. 文字

（1）文字样式

命令操作：【注释】|【文字】|【文字样式】下拉菜单中单击【管理文字样式】或在菜单栏中选择【格式】|【文字样式】。

命令行操作：在命令行中输入"STYLE"或快捷键"ST"。

在如图 1.54 所示的【文字样式】对话框中，可以编辑字体样式、高度、宽度因子等，也可以通过新建字体样式来编辑自己需要的字体。新建完成后，可以在【注释】|【文字】|【文字样式】下拉菜单栏中直接选择用户需要用的字体。

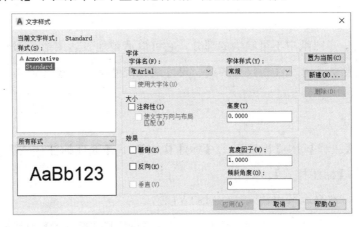

图 1.54 【文字样式】对话框

（2）创建单行文字

命令操作：【注释】|【文字】|【单行文字】。

命令行操作：在命令行中输入"TEXT"，如图 1.55 所示。

图 1.55 【单行文字】命令行操作

创建文字后，可以通过双击创建的文字来改变文字内容，也可以通过【特性】来改变文字的其他属性，包括大小、角度等。

（3）创建多行文字

命令操作：【注释】│【文字】│【多行文字】。

命令行操作：在命令行中输入"MTEXT"或快捷键"MT"，如图1.56所示。

双击所需设置的文本内容后，会出现【文字编辑器】选项卡（图1.57），即可对当前段落文本的字体、颜色、格式等选项进行设置。

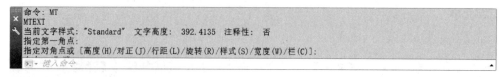

图1.56 【多行文字】命令行操作

图1.57 【文字编辑器】选项卡

2. 标注

尺寸标注是一张图纸中不可缺少的部分，它可以清楚地表达图形各部分对象之间的相互关系。一个完整的尺寸标注由尺寸界线、尺寸线、尺寸文字、尺寸箭头、中心标记等部分组成。

（1）标注样式

命令操作：【注释】│【标注】│【标注样式】│【管理标注样式】或在菜单栏中选择【格式】│【标注样式】。

命令行操作：在命令行中输入"DIMSTYLE"。

标注样式设置好后，可以对其进行修改操作，在【标注样式管理器】对话框 ［图1.58（a）］中选择需要修改的样式，即出现如图1.58（b）所示的对话框，可以从【线】【符号和箭头】【文字】【调整】【主单位】【换算单位】【公差】七个选项卡对标注进行调整。

 特别提示

标注样式也可以进行提前设置，在使用过程中通过导入，或者利用"matchprop"特性匹配功能将其他的标准样式进行统一格式匹配。

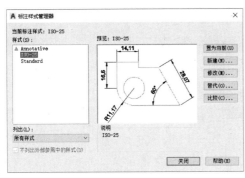
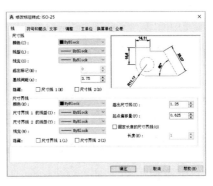

(a)【标注样式管理器】对话框　　　　(b)【修改标注样式：ISO-25】对话框

图 1.58　标注样式修改界面

(2) 线性标注

命令操作：【注释】｜【标注】｜【线性】。

命令行操作：在命令行中输入"DIMLINEAR"，如图 1.59 所示。

线性标注是最基本的标注类型，可以创建水平和垂直的尺寸标注。

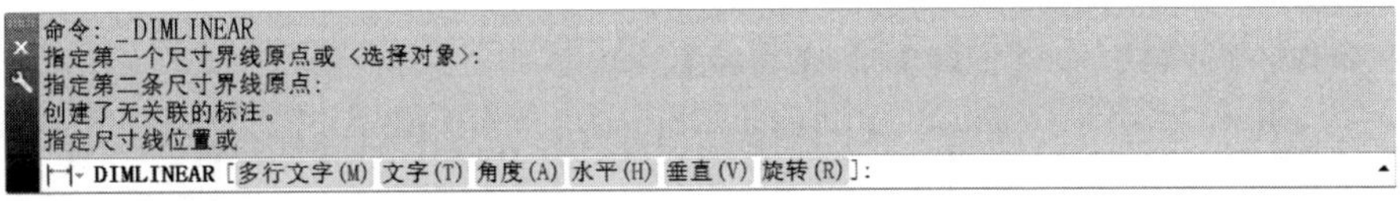

图 1.59　【线性】标注命令行操作

(3) 对齐标注

命令操作：【注释】｜【标注】｜【已对齐】。

命令行操作：在命令行中输入"DIMALIGNED"，如图 1.60 所示。

对齐标注适用于标注倾斜直线或两点之间的距离。

图 1.60　【已对齐】标注命令行操作

(4) 角度标注

命令操作：【注释】｜【标注】｜【角度】。

命令行操作：在命令行中输入"DIMANGULAR"，如图 1.61 所示。

(5) 弧长标注

命令操作：【注释】｜【标注】｜【弧长】。

命令行操作：在命令行中输入"DIMARC"，如图 1.62 所示。

```
命令: DIMANGULAR
选择圆弧、圆、直线或 <指定顶点>:
选择第二条直线:
DIMANGULAR 指定标注弧线位置或 [多行文字(M) 文字(T) 角度(A) 象限点(Q)]:
```

图 1.61 【角度】标注命令行操作

```
命令: _DIMARC
选择弧线段或多段线圆弧段:
DIMARC 指定弧长标注位置或 [多行文字(M) 文字(T) 角度(A) 部分(P) 引线(L)]:
```

图 1.62 【弧长】标注命令行操作

(6) 半径标注

命令操作：【注释】|【标注】|【半径】。

命令行操作：在命令行中输入"DIMRADIUS"，如图 1.63 所示。

```
命令: DIMRADIUS
选择圆弧或圆:
标注文字 = 41.98
DIMRADIUS 指定尺寸线位置或 [多行文字(M) 文字(T) 角度(A)]:
```

图 1.63 【半径】标注命令行操作

(7) 直径标注

命令操作：【注释】|【标注】|【直径】。

命令行操作：在命令行中输入"DIMDIAMETER"，如图 1.64 所示。

```
命令: _DIMDIAMETER
选择圆弧或圆:
标注文字 = 83.95
DIMDIAMETER 指定尺寸线位置或 [多行文字(M) 文字(T) 角度(A)]:
```

图 1.64 【直径】标注命令行操作

(8) 连续标注

命令操作：【注释】|【标注】|【连续】。

命令行操作：在命令行中输入"DIMCONTINUE"，如图 1.65 所示。

连续标注可用于同一方向上连续的线性标注或者角度标注。

```
命令: _DIMCONTINUE
指定第二个尺寸界线原点或 [选择(S)/放弃(U)] <选择>:
标注文字 = 143
DIMCONTINUE 指定第二个尺寸界线原点或 [选择(S) 放弃(U)] <选择>:
```

图 1.65 【连续】标注命令行操作

1.2.7 图形输出与打印

建筑工程图纸绘制完成后，往往需要将图形输出到打印机或者转成可交互文件（如

pdf 文件等）进行传递交流，本节将主要介绍如何对绘制完成的图纸进行输出与打印，以及布局空间打印图纸。

1. 输出与打印图纸

（1）打印图纸及参数设置

命令操作：【输出】|【打印】|【打印】。

命令行操作：在命令行中输入"PLOT"。

在【打印-模型】对话框中可以对打印的条件进行设置，如图 1.66 所示，包括【页面设置】【打印机/绘图仪】【图纸尺寸】【打印区域】【打印比例】【打印样式表】等。

① 打印机/绘图仪：可以选择输出的打印机，若要输出成 pdf 文件，可选择【DWG To PDF】。

② 图纸尺寸：可根据出图的尺寸选择图纸大小。

③ 打印区域：共有四种模式，分别为【窗口】【范围】【图形界限】【显示】。

④ 打印比例：可设置图形与出图图纸的比例关系。

⑤ 打印样式表：用于打印后图形外观的修改与设置，在出图时需要提前设置打印样式，以满足图纸的可读性。

（2）设置打印样式表

命令操作：【打印】|【打印-模型】|［图标］。

可在默认打印样式基础上修改新的打印样式表，针对绘图过程中不同颜色的图层进行特性设置，可设置其打印后的颜色、线型、线宽、淡显等参数，如图 1.67 所示。可以将设置好的打印样式表【另存为】后直接进行保存，也可以传输到其他电脑上进行使用设置，从而大大提高了用户的出图效率。

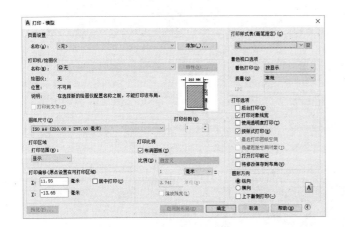

图 1.66 【打印-模型】对话框

图 1.67 【打印样式表编辑器】对话框

2. 布局空间打印图纸

（1）创建布局空间

命令操作：【布局】｜【布局】｜【新建布局】。

命令行操作：在命令行中输入"LAYOUT"，如图1.68所示。

模型窗口为绘图窗口，布局窗口用于图纸的排布、输出和打印。

图1.68 【新建布局】命令行操作

（2）创建与编辑布局视口

命令操作：【布局】｜【布局视口】｜【矩形】。

命令行操作：在命令行中输入"MVIEW"或快捷键"MV"，如图1.69所示。

图1.69 【布局视口】命令行操作

在布局空间里面可以创建多个视口，方便将不同比例的图形置于同一张图纸中，根据图框大小、图纸比例将图纸布置完成，然后进行打印出图。

在布局窗口中设置比例的方法为双击布局视口激活界面→使用"ZOOM"命令→输入比例因子（如1/150xp即1∶150比例），即可得到相应比例的图纸。布局窗口界面及最终出图文件如图1.70所示。

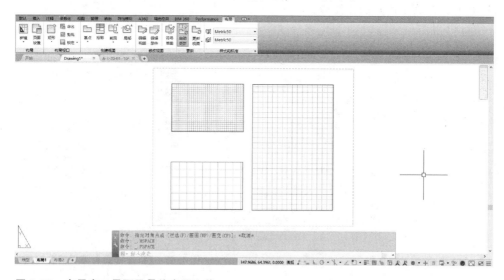

图1.70 布局窗口界面及最终出图文件

特别提示

在打印布局过程中,往往有很多用户直接将布局或者图框套在绘图界面,而非重新建立布局,这在简单图纸打印过程中确实问题不大,但碰到多图布局,或者同一个图不同图层显示打印时会变得相对麻烦,所以建议用户能充分重视布局功能的重要性及有效性。

模块小结

本模块通过对 AutoCAD 2017 软件的工作界面、基本操作、绘制二维图形、编辑二维图形、绘图辅助工具、图层设置与管理、图块与外部参照、图形文字与标注及图形输出与打印几个方面进行基本的介绍,让读者对 CAD 软件有了一个初步的认识。AutoCAD 是建筑工程专业最基础的制图软件,本模块对 AutoCAD 2017 基础的介绍相对比较简洁,需要读者在实践应用中不断增加对软件应用的熟练度,以形成自己高效的制图习惯。

本模块的教学目标是使学生掌握 AutoCAD 2017 的基本操作及命令,为后续使用 AutoCAD 2017 绘图打下基础。

习 题

一、选择题

(1) 重新执行上一个命令的最快方法是( )。

A. 按 Alt 键　　　B. 按 Esc 键　　　C. 按 Ctrl 键　　　D. 按 Enter 键

(2) 如果要从起点(20,20)画出与 X 轴正方向呈 45°夹角、长度为 100mm 的直线段应输入( )。

A. 100,45　　　B. @45,100　　　C. @100<45　　　D. 45,100

(3) 下面哪个命令可以对两个对象用圆弧进行连接?( )

A. SCALE　　　B. FILLET　　　C. ARRAY　　　D. CHAMFER

(4) 图案填充操作中( )。

A. 只能单击填充区域中任意一点来确定填充区域

B. 所有的填充样式都可以调整比例和角度

C. 图案填充可以和原来轮廓线关联或者不关联

D. 图案填充只能一次生成，不可以修改编辑

（5）下列哪个命令，能够既刷新视图，又刷新计算机图形数据库？（　　）

A. REGEN　　　　　　　　　B. REDRAW

C. REDRAWALL　　　　　　　D. REGENMODE

二、简答题

（1）AutoCAD 2017 中命令输入的方式有哪几种？具体是怎么样的？

（2）AutoCAD 2017 操作界面中具体包括哪些功能？

（3）用黑白打印机打印彩色图纸时，如何使图纸线条颜色深浅一致？

（4）当误删实体时，可通过几种方式来进行恢复？

（5）简答出至少五种可捕捉的特征点。

上机实训

上机实训一：绘制并标注图形

【实训目的】

练习用【矩形】【圆】【直线】等命令绘制矩形、圆、三角形等，并用【填充】命令进行填充。

【实训内容】

在 AutoCAD 中绘制如图 1.71 所示图形。

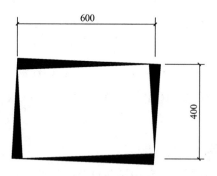

图 1.71　绘制矩形、三角形

上机实训二：创建图层

【实训目的】

练习用【图层】命令建立轴线、建筑、结构、给排水、强电弱电等图层，并设置相应的颜色、线宽和线型。

【实训内容】

按表 1.1 要求制作五个图层。

表 1.1 图层要求

图层名称	颜色	线宽	线型
轴线	红色	默认	Dashdot
建筑	白色	0.3	Continuous
结构	黄色	0.2	Dashed
给排水	紫色	0.15	Dashed2
强电弱电	绿色	0.15	Continuous

上机实训三：绘制门并标注

【实训目的】

练习用【矩形】【直线】【修剪】等命令绘制门并标注。

【实训内容】

在 AutoCAD 中绘制如图 1.72 所示的门，具体尺寸按标注绘制。

上机实训四：绘制窗并标注

【实训目的】

练习用【矩形】【直线】【修剪】等命令绘制窗并标注。

【实训内容】

在 AutoCAD 中绘制如图 1.73 所示的窗，具体尺寸按标注绘制。

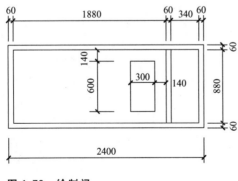

图 1.72 绘制门

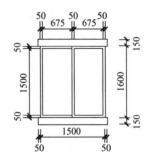

图 1.73 绘制窗

上机实训五：绘制并标注图形

【实训目的】

练习用【矩形】【直线】【多线】【修剪】【多线编辑】【圆弧】等命令绘制图形并标注。

【实训内容】

在 AutoCAD 中绘制如图 1.74 所示图形,具体尺寸按标注绘制。

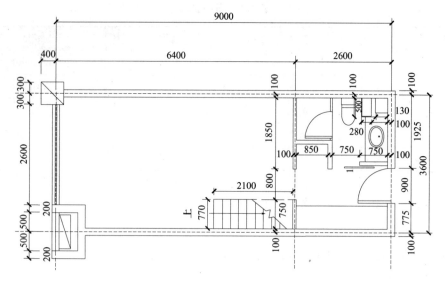

图 1.74 绘制建筑平面图

模块1上机
实训图纸

模块 2

AutoCAD绘制小别墅设计图

教学目标

主要讲述使用 AutoCAD 绘制小别墅平面图、立面图和剖面图的方法和步骤。通过本模块的学习，应达到以下目标。

（1）掌握 AutoCAD 绘制小别墅设计图的方法和步骤。

（2）学习并掌握用多线命令和多线编辑命令绘制墙体的方法。

（3）掌握门窗、楼梯等建筑元素的绘制方法。

（4）学习建筑制图中比例的设置和尺寸标注。

思维导图

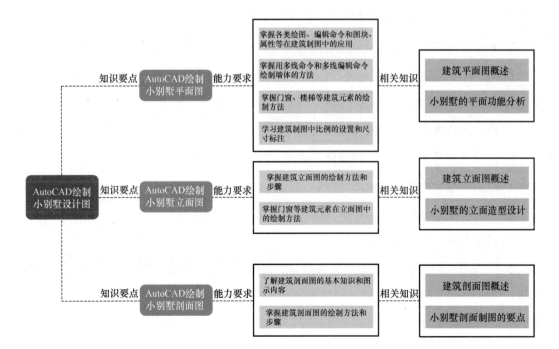

基本概念

建筑平面图；建筑立面图；建筑剖面图；别墅。

引例

要将小别墅的全貌（包括内外形状结构）完整表达清楚，根据正投影原理，按建筑制图的规定画法，通常要画出其平面图、立面图和剖面图。

2.1 AutoCAD 绘制小别墅平面图

AutoCAD绘制小别墅图纸

建筑平面图是用一个水平的剖切平面沿房屋窗台以上部分剖开，移去上部后向下投影所得的水平投影图，简称平面图。建筑平面图主要反映房屋的平面形状、大小，房间布置，墙和柱的位置、厚度及材料，门窗的位置及开启方向等。

采用 AutoCAD 2017 绘制小别墅平面图一般按照如下步骤进行。

① 对图形界限、单位、图层的界定。根据小别墅长宽尺寸相应调整绘图区域，设置长度和角度单位，并建立相应的图层。根据小别墅平面图表示内容的不同，需要建立的图层包括轴线、墙体、柱子、门窗、楼梯、标注及其他图层等。

② 绘制定位轴线。先在轴线图层上用点画线将主要轴线绘制出来，形成轴网。

③ 绘制各种建筑构配件，如墙体、柱子、门窗洞口等。

④ 绘制和编辑小别墅平面细部内容。

⑤ 标注尺寸、标高等数值，以及剖切符号和相关文字注释。

⑥ 添加图名、比例等内容。

本模块示例选用两层小别墅，首先绘制小别墅的一层平面图（图2.1），而后绘制小别墅的二层平面图。下面以小别墅一层平面图的绘制为例进行介绍，二层平面图与一层平面图的绘制方法相同。

模块 2 AutoCAD绘制小别墅设计图

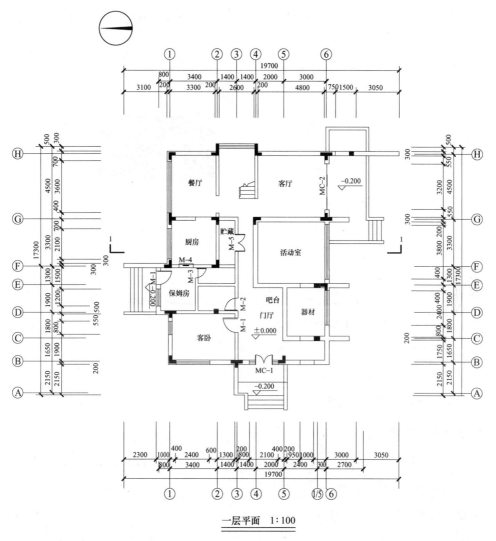

图 2.1 小别墅一层平面图

2.1.1 界定图形界限、单位、图层

界定图形界限、单位、图层

1. 启动 AutoCAD 2017 应用程序

选择【文件】|【新建】菜单命令，打开【选择样板】对话框，如图 2.2 所示。在该对话框中选择【acadiso.dwt】样板，单击【打开】按钮，可以自样板创建一个图形。

2. 设定绘图范围

选择【格式】|【图形界限】菜单命令或直接在命令行输入"LIMITS"，可启动该命令，输入左下角坐标和右上角坐标，以这两点为对角线的矩形范围即为所设置的绘图范

围。启动该命令后，指定左下角点坐标为（0.0000，0.0000），右上角点坐标为（90000.0000，60000.0000），如图2.3所示。

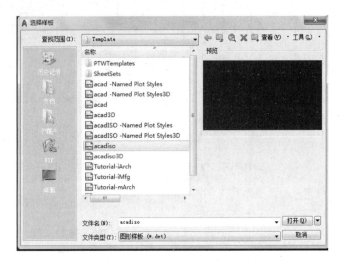

图2.2 【选择样板】对话框

图2.3 【图形界限】命令行操作

3. 设置显示范围

选择【视图】|【缩放】|【全部】菜单命令或在命令行输入"ZOOM"，然后选择"A"选项，全部显示绘图范围。

4. 设置长度、角度单位和精度

选择【格式】|【单位】菜单命令，显示【图形单位】对话框，设置参数如图2.4所示。设置完成后，单击【确定】按钮即可完成图形单位的设置。

5. 设置图层及线型

选择【格式】|【图层】菜单命令或单击【图层特性】按钮，或在命令行输入"LAYER"，打开【图层特性管理器】对话框，对图层名称、颜色、线型等参数进行设置，如图2.5所示，并在该对话框中将【轴线】图层设置为不打印。

 特别提示

【0】图层是AutoCAD系统图层，不能改名或删除，但可以更改其特性。【0】图层通常用来创建块文件，具有随层属性。

 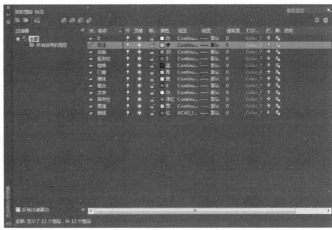

图 2.4 【图形单位】对话框   图 2.5 【图层特性管理器】对话框

2.1.2 绘制轴线

在完成了图形界限、单位、图层的界定以后，即可进行小别墅平面图的绘制。绘制小别墅首层平面图的第一步是绘制定位轴线和附加轴线。轴网是指由横向和竖向的轴线所构成的网格。轴线是墙柱中心线或根据需要偏离中心线的定位线，是平面图的框架，墙体、柱子、门窗等主要构件都应由轴线来确定其位置。

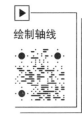
绘制轴线

1. 绘制定位轴线

选择【图层】下拉列表中的【轴线】图层或在【图层特性管理器】对话框中将【轴线】图层设置为当前图层。

单击状态栏【正交模式】按钮或者按下 F8 键开启正交模式。应用【直线】命令（LINE）绘制垂直的基准轴线，如图 2.6 所示。

图 2.6 绘制垂直的基准轴线

应用【偏移】命令（OFFSET）生成轴网的下开间轴线和上开间轴线，如图 2.7、图 2.8 所示。

接着应用【偏移】命令（OFFSET）绘制轴网的左进深轴线和右进深轴线，如图 2.9、图 2.10 所示。

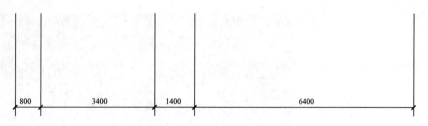

图 2.7 下开间轴线

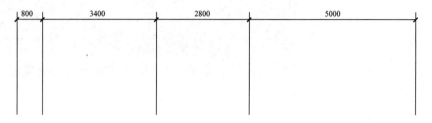

图 2.8 上开间轴线

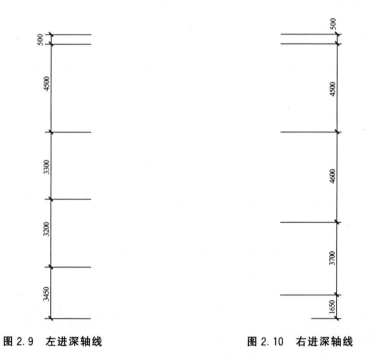

图 2.9 左进深轴线　　　　　　图 2.10 右进深轴线

2. 绘制附加轴线

使用同样的方法，绘制除了定位轴线以外的附加轴线，应用【修剪】命令（TRIM）完成附加轴线的创建，得到的轴网最终效果如图 2.11 所示。

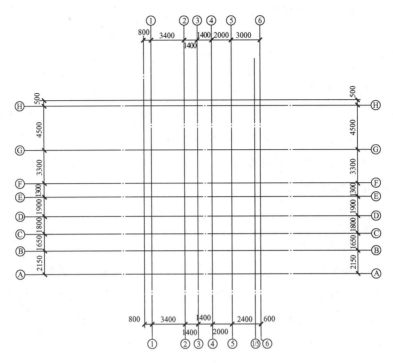

图 2.11 轴网最终效果

2.1.3 绘制和编辑墙体

轴线绘制完成后,进行墙体的绘制。墙体反映房屋的平面形状、大小,以及房间的布置、墙体的位置和厚度等,门窗必须依附于墙体而存在。墙体通常采用两根粗实线来表示。

1. 绘制墙体

将【墙体】图层设置为当前图层,设置颜色、线型、线宽随图层,将【对象捕捉】打开。

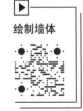

绘制墙体

应用【多线】命令(MLINE)绘制墙体,命令行操作如图 2.12 所示。依照此方法,完成所有 300mm 厚墙体的绘制。

```
命令: ML
MLINE
当前设置: 对正 = 无, 比例 = 200.00, 样式 = STANDARD
指定起点或 [对正(J)/比例(S)/样式(ST)]: s
输入多线比例 <200.00>: 300
当前设置: 对正 = 无, 比例 = 300.00, 样式 = STANDARD
指定起点或 [对正(J)/比例(S)/样式(ST)]: j
输入对正类型 [上(T)/无(Z)/下(B)] <无>: z
当前设置: 对正 = 无, 比例 = 300.00, 样式 = STANDARD
```

图 2.12 绘制 300mm 厚墙体

继续应用【多线】命令（MLINE），完成200mm厚墙体的绘制。

特别提示

【多线】命令有3种对正方式："上""无"和"下"。默认选项为"上"，使用此选项绘制多线时，在光标下方绘制多线，因此在指定点处会出现具有最大正偏移值的直线；使用选项"无"绘制多线时，多线以光标为中心绘制，拾取的点在偏移量为0的元素上，即选取的点在多线的中心线上；使用选项"下"绘制多线时，多线在光标上面绘制，拾取点在多线负偏移量最大的元素上。

2. 编辑墙体

在命令行中输入"MLEDIT"，打开【多线编辑工具】对话框，如图2.13所示。选择【T形合并】图标，在此状态下单击需要进行T形合并的墙体。选择【十字合并】图标，在此状态下单击需要进行十字合并的墙体。选择【角点结合】图标，在此状态下单击需要进行角点结合的墙体。完成所有修改后，墙体最终效果如图2.14所示。

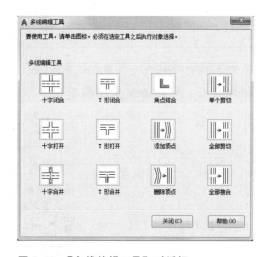
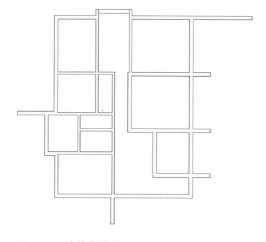

图2.13 【多线编辑工具】对话框　　　图2.14 墙体最终效果

特别提示

【多线编辑工具】对话框可以对十字、T形及有拐角和顶点的多线进行编辑，还可以截断和连接多线。对话框中有4组编辑工具，每组工具有3个选项。要使用这些选项时，只需要单击选项的图标即可。对话框中第一列选项控制的是多线的十字交叉处，第二列控制的是多线的 T 形交点的形式，第三列控制的是角点和顶点，第四列控制的是多线的剪切及接合。

2.1.4 创建柱子

墙体绘制完成后，下一步要在平面图中插入柱子。在建筑中，柱子是承重构件，主要功能是结构支撑，有些时候也起到装饰美观的作用。

1. 绘制矩形柱

（1）绘制矩形柱轮廓

将【矩形柱】图层设置为当前图层。应用【矩形】命令（RECTANG），绘制 300mm×300mm 的矩形表示柱子，如图 2.15 所示。

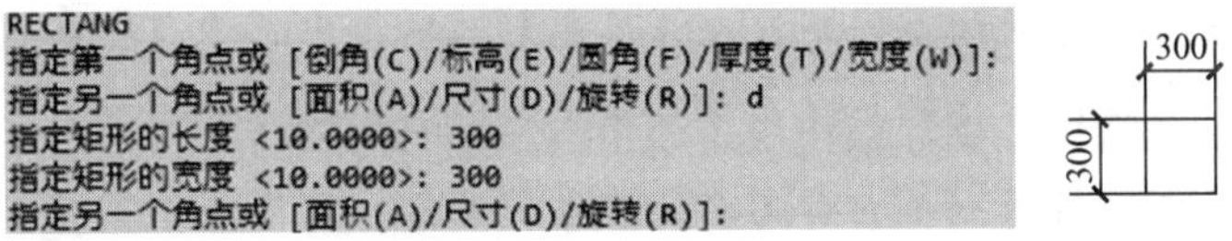

图 2.15 绘制矩形柱轮廓

（2）填充矩形柱

应用【图案填充】命令（HATCH），在【图案填充和渐变色】对话框中选择【SOLID】图案进行填充，得到矩形柱填充效果，如图 2.16 所示。

图 2.16 填充矩形柱

特别提示

【图案填充和渐变色】对话框中的【图案填充】选项卡包括【类型和图案】【角度和比例】【图案填充原点】【边界】【选项】【继承特性】【孤岛】等。在【类型和图案】选项组中可以设置填充图案的类型，其中【类型】下拉列表框包括【预定义】【用户定义】和【自定义】三种图案类型；【图案】下拉列表框控制对填充图案的选择，下拉列表显示填充图案的名称，并且最近使用的6个用户预定义图案会出现在列表顶部；【颜色】下拉列表框设置填充图案的颜色，还可以为填充图案对象指定背景色；【样例】显示选定图案的预览；【自定义图案】下拉列表框在选择【自定义】图案类型时可用，其中列出可用的自定义图案，6个最近使用的自定义图案会出现在列表顶部。【角度】下拉列表框可以设置填充图案的角度，【比例】下拉列表框用于设置填充图案的比例值。当填充图案选择【用户定义】时，可用【双向】复选框设置当前线型的线条布置是单向还是双向，还可用【间距】文本框设置当前线型的线条间距。在【孤岛】选项组中选中【孤岛检测】复选框，则在进行填充时，系统将根据选择的孤岛显示模式检测孤岛来填充图案：普通检测模式从最外层边界向内部填充，对第一个内部岛形区域进行填充，间隔一个图形区域，转向下一个检测到的区域进行填充，如此反复交替进行；外部检测模式从最外层的边界向内部填充，只对第一个检测到的区域进行填充，填充后就终止该操作；忽略检测模式从最外层边界开始，不再进行内部边界检测，而对整个区域进行填充，忽略其中存在的孤岛。

(3) 绘制所有矩形柱

依照相同的方法，完成400mm×300mm矩形柱的绘制，然后将所有矩形柱插入至指定位置上，最终效果如图2.17所示。

2. 绘制异形柱

(1) 绘制异形柱轮廓

将【异形柱】图层设置为当前图层，应用【多段线】命令（PLINE）绘制L形异形柱轮廓，如图2.18所示。

(2) 填充异形柱

应用【图案填充】命令（HATCH），选择【SOLID】图案对异形柱进行填充，如图2.19所示。

(3) 绘制所有异形柱

依照相同的方法，完成所有异形柱的绘制，然后将所有异形柱插入至指定位置上，最终效果如图2.20所示。

图2.17 矩形柱最终效果

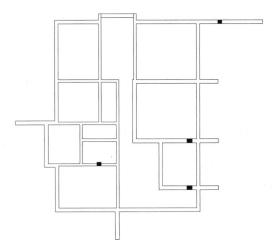

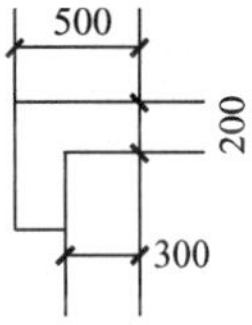

图2.18 绘制L形异形柱轮廓

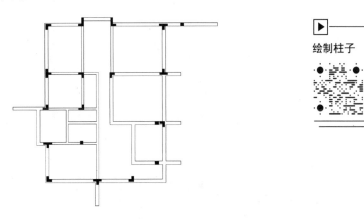

图2.19 填充异形柱

图2.20 异形柱最终效果

绘制柱子

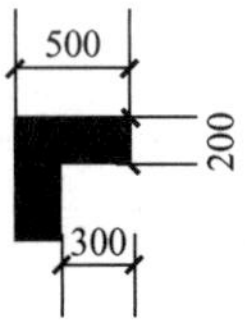

2.1.5 绘制门窗洞口

绘制门窗洞口的方法是偏移直线后再进行修剪,下面以入口处的门窗洞口为例,来说明门窗洞口的绘制方法。

绘制门窗洞口

1. 绘制门窗洞口辅助线

将【墙体】图层设置为当前图层。应用【直线】命令(LINE)绘制一条辅助线,如图 2.21 所示。

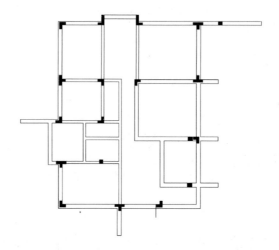

图 2.21 绘制辅助线

应用【偏移】命令(OFFSET)根据大门洞口尺寸偏移辅助线,如图 2.22 所示。

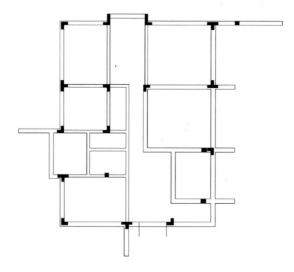

图 2.22 偏移辅助线

2. 修剪出门窗洞口

应用【修剪】命令（TRIM），修剪出门窗洞口。

然后应用【删除】命令（ERASE）将创建的辅助线删除，得到大门部分门窗洞口，如图 2.23 所示。

使用同样的方法，修剪其他位置的门窗洞口，得到如图 2.24 所示的效果。

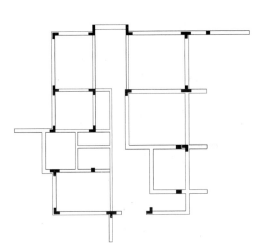

图 2.23　大门部分门窗洞口　　　　　图 2.24　修剪后的门窗洞口效果

2.1.6　绘制门窗

门窗洞口修剪完成后，接下来绘制门窗图形。

1. 绘制窗

将【门窗】图层设置为当前图层。在绘图区的空白位置，按照窗的样式绘制一个标准窗的形状。应用【直线】命令（LINE）绘制一条长为 1000mm 的直线，然后应用【偏移】命令（OFFSET）偏移出其他 3 条直线，以 4 条直线表示窗户，其中上、下两条直线表示墙体的轮廓线，中间两条直线表示窗户的玻璃，如图 2.25 所示。

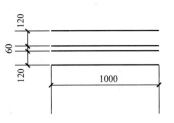

图 2.25　标准窗样式图

特别提示

在建筑制图中，窗的尺寸通常是不固定的，但是在平面图中的形状是基本相似的。为了制图的方便，通常将窗图形创建标准图块，在绘制窗的平面图时，只需要插入图块，指定一定的参数即可。同样的，也可以将不同规格的门绘制出来并保存为图块，在墙体绘制完成后，可以直接插入门和窗的图块。

应用【块】命令（BLOCK），打开【块定义】对话框。在【名称】文本框中输入"1000 标准窗"，单击【选择对象】按钮，选择 4 条直线表示的标准窗。单击【拾取点】按钮，选择标准窗样式最下面一条直线的左端点作为指定插入点。单击【确定】按钮完成标准窗块的制作，如图 2.26 所示。

图 2.26 制作标准窗块

在命令行中输入"INSERT"，打开【插入】对话框。在【名称】下拉列表框中选择【1000 标准窗】，在【比例】选项组中输入需要修改的比例，修改【X】选项中的比例为 0.45，表示窗户的宽度为 450mm，插入入口处的窗。设置好参数后，单击【确定】按钮返回绘图窗口，指定 450mm 窗的插入位置，插入窗户图形，如图 2.27 所示。

图 2.27 插入入口处 450mm 的窗户

使用同样的方法插入其他位置的窗户图形。注意当窗户是竖向排列时，只需在【插入】|【角度】文本框中输入"90"即可，插入窗户后的效果如图 2.28 所示。

2. 绘制门

应用【直线】命令（LINE），绘制入口处门左边门扇水平方向的辅助线和第一条垂直线。使用【偏移】命令（OFFSET）偏移出第二条垂直线，如图 2.29 所示。

应用【圆弧】命令（ARC），绘制入口处门左边门扇圆弧，如图 2.30 所示。

应用【修剪】命令（TRIM），修剪偏移透出圆弧的直线和水平辅助线等多余的直线，如图 2.31 所示。

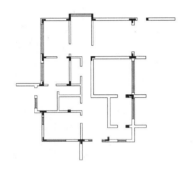

图 2.28 插入窗户后的效果

```
LINE
指定第一个点:
指定下一点或 [放弃(U)]: <正交 开> 600
指定下一点或 [放弃(U)]:
命令: O
OFFSET
当前设置: 删除源=否  图层=源  OFFSETGAPTYPE=0
指定偏移距离或 [通过(T)/删除(E)/图层(L)] <通过>:  30
选择要偏移的对象, 或 [退出(E)/放弃(U)] <退出>:
指定要偏移的那一侧上的点, 或 [退出(E)/多个(M)/放弃(U)] <退出>:
选择要偏移的对象, 或 [退出(E)/放弃(U)] <退出>:
命令:  OFFSET
当前设置: 删除源=否  图层=源  OFFSETGAPTYPE=0
指定偏移距离或 [通过(T)/删除(E)/图层(L)] <30.0000>:   指定第二点: 600
```

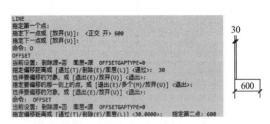

图 2.29 创建入口处门左边门扇的辅助线

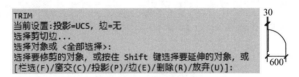

```
命令: ARC
指定圆弧的起点或 [圆心(C)]: c
指定圆弧的圆心:
指定圆弧的起点:
指定圆弧的端点(按住 Ctrl 键以切换方向)或 [角度(A)/弦长(L)]:
```

图 2.30 创建入口处门左边门扇圆弧

```
TRIM
当前设置:投影=UCS, 边=无
选择剪切边...
选择对象或 <全部选择>:
选择要修剪的对象, 或按住 Shift 键选择要延伸的对象, 或
[栏选(F)/窗交(C)/投影(P)/边(E)/删除(R)/放弃(U)]:
```

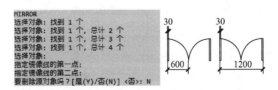

图 2.31 修剪门扇圆弧

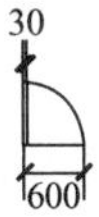

应用【镜像】命令（MIRROR），对入口处门右边门扇做镜像处理，如图 2.32 所示。

```
MIRROR
选择对象: 找到 1 个
选择对象: 找到 1 个, 总计 2 个
选择对象: 找到 1 个, 总计 3 个
选择对象: 找到 1 个, 总计 4 个
选择对象:
指定镜像线的第一点:
指定镜像线的第二点:
要删除源对象吗？[是(Y)/否(N)] <否>: N
```

图 2.32 镜像右边门扇

选择【文字】图层，在命令行中输入“ATTDEF”，打开【属性定义】对话框。在【标记】中输入“BH”，在【默认】中输入“MC－1”，单击【确定】按钮，在门下面部位插入“BH”文字。

应用【块】命令（BLOCK），打开【块定义】对话框。在【名称】文本框中输入

"1200 双扇门",单击【选择对象】按钮,选择【1200 双扇门】。单击【拾取点】按钮,选择双扇门样式左边门扇的左端点作为指定插入点,如图 2.33 所示。单击【确定】按钮,弹出【编辑属性】对话框,单击【确定】按钮,完成【1200 双扇门】块定义,如图 2.34 所示。再应用【插入】命令(INSERT)插入门图块至门洞位置。

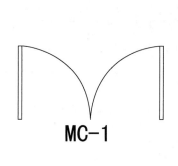
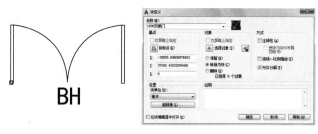

图 2.33 【1200 双扇门】属性块

图 2.34 【1200 双扇门】块定义

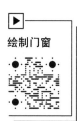
绘制门窗

使用相同的方法绘制并插入其他位置的门图块,插入门后的效果见图 2.35。

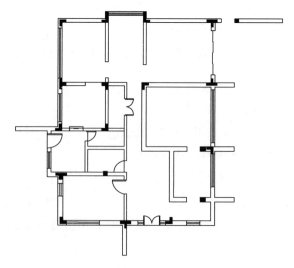

图 2.35 插入门后的效果

2.1.7 绘制台阶、雨篷和楼梯

1. 绘制台阶

室外台阶由平台和踏步组成。台阶由一根根直线表示,可以利用偏移的方法来绘制台阶。下面我们以正门入口处的台阶为例,讲述台阶的绘制方法。

设置【楼梯】图层为当前图层,颜色、线型、线宽随图层。

应用【直线】命令(LINE),以正门入口处伸出的墙体右侧为第一点画 500mm 的水平线,然后以画好的线右端点为第一点画 1000mm 的垂直线,如图 2.36 所示。

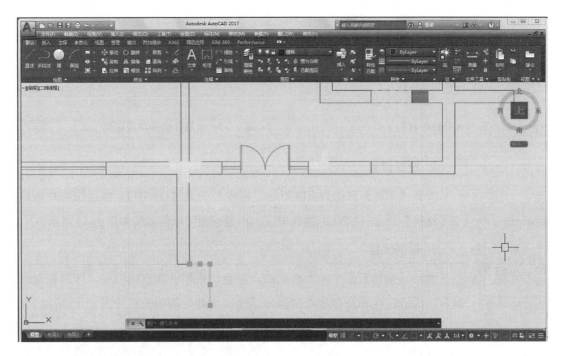

图 2.36　用【直线】命令画正门入口处台阶边线

应用【偏移】命令(OFFSET),将画好的两条线向外侧偏移 200mm。应用【倒角】命令(CHAMFER),将偏移的两条直线做倒角处理。应用【直线】命令(LINE),将两条垂直线进行连接。

按 Space 键执行上一个命令,绘制台阶右边界限。应用【偏移】命令(OFFSET),对画好的界限向外侧偏移 200mm。应用【延伸】命令(EXTEND),将刚才连接两条垂直线的水平线延伸至最右边界。应用【偏移】命令(OFFSET),将水平线向外侧偏移 100mm。

继续应用【偏移】命令(OFFSET),将刚才偏移的线向上侧偏移 300mm。如此偏移 4 条水平踏步线。

最后应用【修剪】命令（TRIM），对多余的线段进行修剪，完成正门入口处台阶的绘制，如图 2.37 所示。

使用同样的方法绘制其他各处台阶。台阶绘制完毕的效果如图 2.38 所示。

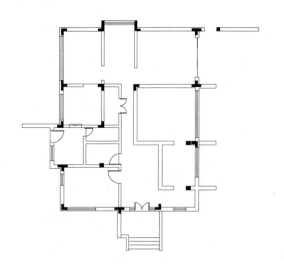
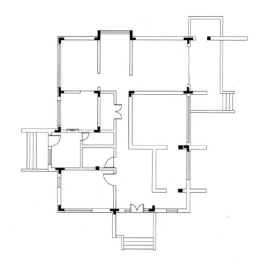

图 2.37　正门入口处的台阶　　　　　　　图 2.38　台阶绘制完毕的效果

2. 绘制雨篷

设置【雨篷】图层为当前图层，将线型调成【DASH】，然后按照位置应用【直线】命令（LINE）绘制雨篷。雨篷绘制完毕的效果如图 2.39 所示。

绘制楼梯

3. 绘制楼梯

设置【楼梯】图层为当前图层，颜色、线型、线宽随图层，然后按照绘制台阶的方法在相应位置绘制楼梯。楼梯绘制完毕的效果如图 2.40 所示。

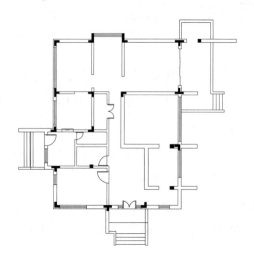
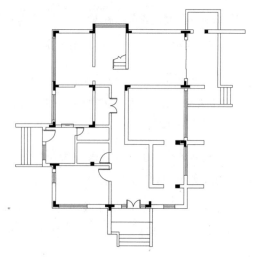

图 2.39　雨篷绘制完毕的效果　　　　　　图 2.40　楼梯绘制完毕的效果

2.1.8 标注尺寸

绘制完上述部分后，小别墅首层平面图的各部分尺寸都已经确定，接下来将尺寸标注在已经绘制好的小别墅首层平面图中。

建筑平面图中的尺寸标注可分为外部尺寸和内部尺寸两种，这两种尺寸可以反映建筑中房间的开间、进深、门窗，以及室内设备的大小和位置等。外部尺寸可以方便读图和施工，一般在图形的下方及左侧注写。外部尺寸一般分 3 道标注，但对于台阶或坡道、散水等部分的尺寸和位置可以单独标注。内部尺寸包括室内房间的净尺寸、门窗洞口、墙厚、柱子、垛宽距离和固定设备的大小与位置。

建筑平面图中的标注要符合建筑制图规范，因此，在进行尺寸标注前需要对标注样式进行设置。

 特别提示

标注具有以下独特的元素：标注文字、尺寸线、箭头和尺寸界线。对于圆标注，还有圆心标记和中心线。

---

1. 设置标注样式

设置【标注】图层为当前图层。选择【标注】|【标注样式】菜单命令或者在命令行输入"DIMSTYLE"，打开【标注样式管理器】对话框，如图 2.41 所示。

单击【修改】按钮，打开【修改标注样式】对话框，通过该对话框可以修改标注箭头样式、标注文字的字高、文字与尺寸线的距离等内容。单击【线】选项卡设置参数，如图 2.42 所示。

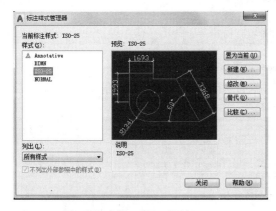

图 2.41 【标注样式管理器】对话框

图 2.42 【线】选项卡的参数设置

单击【符号和箭头】选项卡，设置参数如图 2.43 所示。

单击【文字】选项卡，设置参数如图 2.44 所示。

参数设置完成以后，单击【确定】按钮，完成标注样式的设置，然后返回到【标注样式管理器】对话框中，单击【关闭】按钮退出标注样式的设置。

图 2.43 【符号和箭头】选项卡的参数设置

图 2.44 【文字】选项卡的参数设置

2. 标注尺寸

标注样式设置完成后，接下来可以对小别墅首层平面图标注尺寸。

标注外墙门窗洞口的第一道尺寸。应用【标注】|【线性】命令或输入"DIMLINEAR"命令，单击最左侧横墙的左上角。水平移动鼠标至最左侧横墙纵轴线与第一道纵墙的交界处并单击，然后垂直向上移动鼠标至恰当位置单击，即可生成第一道尺寸线，命令行显示了该尺寸标注的标注文字，如图 2.45 所示。

```
命令: _DIMLINEAR
指定第一个尺寸界线原点或 <选择对象>:
指定第二条尺寸界线原点:
指定尺寸线位置或
[多行文字(M)/文字(T)/角度(A)/水平(H)/垂直(V)/旋转(R)]:
标注文字 = 3100
```

图 2.45 【线性】标注命令行操作

应用【标注】|【连续】命令或输入"DIMCONTINUE"命令，标注剩下的外墙门窗洞口尺寸，如图 2.46 所示。

```
命令: _DIMCONTINUE
指定第二个尺寸界线原点或 [选择(S)/放弃(U)] <选择>:
```

图 2.46 【连续】标注命令行操作

继续应用【标注】|【线性】命令，标注各轴线间距离的第二道尺寸。

应用【标注】|【连续】命令，标注剩下的轴线间尺寸。

继续应用【标注】|【线性】命令，标注一端外墙到另一端外墙边的总长或总宽尺寸。

使用同样的方法，完成其余3个方向的尺寸标注。

通过尺寸标注的夹点编辑功能，将尺寸标注中未知的、不符合制图标准的文字通过夹点拖动至恰当位置，并把轴线隐藏起来，得到如图2.47所示的尺寸标注效果。

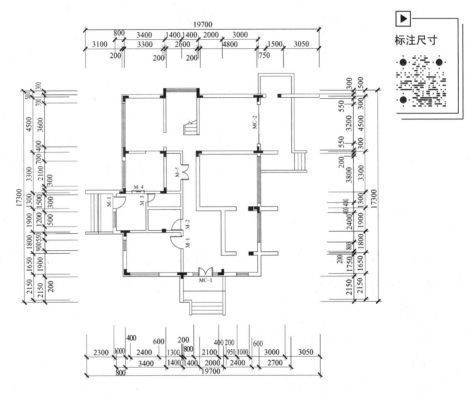

图2.47　尺寸标注效果

2.1.9　添加文字说明

在建筑平面图中，还需要添加必要的文字说明。选择【绘图】|【文字】菜单命令，根据需要选择【单行文字】或【多行文字】命令，或者直接单击【默认】|【注释】|【文字】|【多行文字】按钮进行说明文字的输入。在输入文字前，应该在命令行的提示下选择合适的字高。

文字说明的作用主要是标出轴线编号，以及房间的标高、功能、名称、面积和一些附属说明等内容。

1. 轴线编号

应用【圆】命令（CIRCLE），在绘图区任意拾取一点为圆心，绘制半径为400mm的圆，如图2.48所示。

应用【文字样式】命令（STYLE），弹出【文字样式】对话框，单击【新建】按钮，创建高度为500mm的文字样式【G500】，设置【字体】【高度】和【宽度因子】，如图2.49所示。

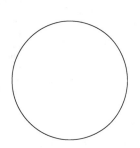

图2.48 绘制圆

图2.49 创建【G500】文字样式

应用【定义属性】命令（ATTDEF），弹出【属性定义】对话框，设置对话框中的参数，如图2.50所示。

设置完成后单击【确定】按钮，命令行提示"指定起点"，拾取前面绘制的圆的圆心为起点，设置属性效果如图2.51所示。

图2.50 设置轴线编号属性

图2.51 设置属性效果

应用【块】命令（BLOCK），弹出【块定义】对话框，选择图2.51所示的图形为块对象，捕捉基点为圆的上象限点，图块名称命名为"竖向轴线编号"，参数设置如图2.52所示。

单击【确定】按钮，弹出【编辑属性】对话框，显示"竖向轴线编号"图块的属性，如图2.53所示。

图 2.52　图块参数设置　　　　　　　　图 2.53　图块属性

单击【确定】按钮,完成"竖向轴线编号"图块的创建,效果如图 2.54 所示。

2. 标高图块

应用【多段线】命令(PLINE)绘制标高符号,第一点为任意点,其他点依次为(@-1500,0)、(@-300,-300)和(@-300,300),绘制的标高符号效果如图 2.55 所示。

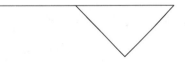

图 2.54　"竖向轴线编号"图块　　图 2.55　标高符号效果

应用【文字样式】命令(STYLE),弹出【文字样式】对话框,单击【新建】按钮,创建高度为 350mm 的文字样式【G350】,设置字体、高度和宽度因子,如图 2.56 所示。

应用【定义属性】命令,弹出【属性定义】对话框,在对话框中设置标高属性,如图 2.57 所示。

图 2.56　创建【G350】文字样式　　　　图 2.57　设置标高属性

设置完成后单击【确定】按钮，命令行提示"指定起点"，拾取前面绘制的多段线的起点为文字插入的起点。创建的标高图形如图2.58所示。

在【块定义】对话框中定义图块名称为"标高"，基点为三角形最下面的点，选择图2.58所示的图形为定义块对象，如图2.59所示。

图2.58 创建的标高图形

图2.59 定义标高图块

单击【确定】按钮，弹出【编辑属性】对话框，编辑标高图块的属性，如图2.60所示。

单击【确定】按钮，完成标高图块的创建，效果如图2.61所示。

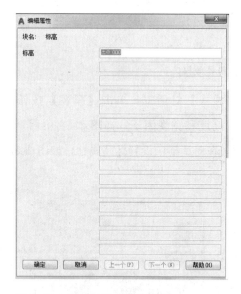

图2.60 编辑标高图块的属性

图2.61 标高图块的效果

选择标高图块，单击【插入】|【块定义】|【块编辑器】，在弹出的【编辑块定义】对话框中选择该标高图块，打开【块编辑器】窗口，如图2.62所示，再对图块进行编辑。

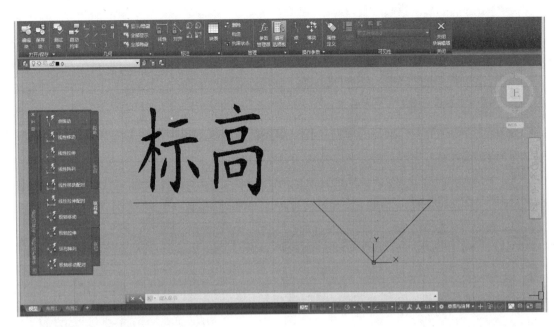

图 2.62 【块编辑器】窗口

打开【对象追踪 】按钮，使其处于按下状态。创建投影线需要使用【对象追踪】。

选择【参数集】选项卡中的【翻转集 】选项，【翻转集】命令行操作如图 2.63 所示。

```
命令： BPARAMETER 翻转
指定投影线的基点或 [名称(N)/标签(L)/说明(D)/选项板(P)]: 捕捉三角形下端点水平线上左边一点，使用对象追踪
指定投影线的端点: 捕捉三角形下端点水平线上右边一点
指定标签位置: 指定如图 2-64 所示的翻转状态1所示的标签位置
```

图 2.63 【翻转集】命令行操作

如图 2.64 所示，将光标移动到 上右击，在图 2.65 所示的快捷菜单中选择【动作选择集】|【新建选择集】命令，命令行操作如图 2.66 所示，创建上下翻转动作，完成后的效果如图 2.67 所示。

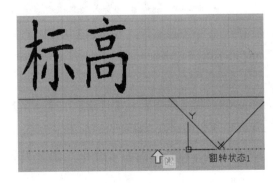

图 2.64 添加上下翻转参数

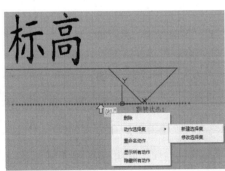

图 2.65 选择快捷菜单

```
命令: _BACTIONSET
指定动作的选择集
选择对象: _n
*无效选择*
需要点或窗口(W)/上一个(L)/窗交(C)/框(BOX)/全部(ALL)/栏选(F)/圈围(WP)/圈交(CP)/编组(G)/添加(A)/删除(R)/多个(M)/前一
个(P)/放弃(U)/自动(AU)/单个(SI)
选择对象: 指定对角点: 找到 4 个 选择所有的图形对象
选择对象: 按Enter键，完成选择集的创建，完成效果如图2-67所示
```

图 2.66 【新建选择集】命令行操作

使用同样的参数集创建左右翻转动作，投影线为通过三角形下端点的竖直线，翻转对象为所有图形对象，完成后的效果如图 2.68 所示。

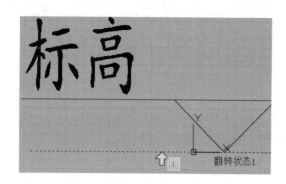

图 2.67 完成上下翻转的效果

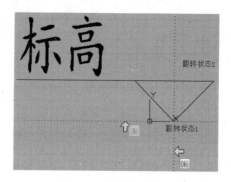

图 2.68 完成左右翻转的效果

单击【保存块】按钮，保存动态块，单击【关闭块编辑器】按钮关闭【块编辑器】窗口。编辑状态的标高图块如图 2.69 所示，可以上下、左右翻转，也可以修改属性，如图 2.70 所示为标高图块上下、左右翻转后的效果。

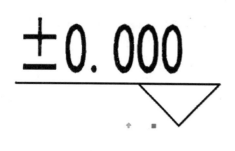

图 2.69 编辑状态的标高图块

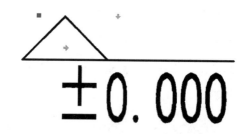

图 2.70 标高图块上下、左右翻转后的效果

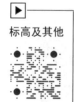

标高及其他

3. 其他

应用【多行文字】命令（MTEXT）和【修改】|【对象】|【文字】|【编辑】命令（TEXTEDIT）标注各个房间的名称和楼梯台阶的上下方向。

应用【多行文字】命令（MTEXT），在平面图的下方标注图名为"一层平面图"，标注图样比例为 1：100。

2.2 AutoCAD 绘制小别墅立面图

建筑立面图是建筑在与建筑立面相平行的投影面上投影所得的正投影图，主要用来表示建筑的体型和外观、门窗的位置和形式，以及遮阳板、窗台、窗套、檐口、阳台、雨篷、雨水管、勒脚、台阶、平台、花坛等构配件各部位的标高和必要尺寸，是建筑施工中进行高度控制的技术依据。

下面我们以小别墅①～⑥轴立面图的绘制为例来讲述其立面图的绘制方法，其他立面图的绘制方法与之类似。

 特别提示

建筑东西南北每一个立面都需要绘制出立面图，通常建筑立面图的命名应根据建筑的朝向确定，如东立面图、西立面图、南立面图、北立面图等；也可以根据建筑的主要入口来命名，如正立面图、背立面图和侧立面图等；还可以按轴线编号来命名，如①～⑥轴立面图。

2.2.1 设置绘图环境

1. 启动 AutoCAD 2017 应用程序

选择【文件】|【新建】菜单命令，打开【选择样板】对话框。在该对话框中选择【acadiso.dwt】样板，单击【打开】按钮，新建一个样板文件。

2. 设置长度、角度单位和精度

选择【格式】|【单位】菜单命令，显示【图形单位】对话框，设置参数与 2.1 节中小别墅一层平面图一致。设置完成后，单击【确定】按钮完成图形单位的设置。

3. 设置图层及线型

选择【格式】|【图层】菜单命令或单击【图层特性】按钮，或在命令行中输入"LAYER"命令，打开【图层特性管理器】对话框，创建图层并对颜色、线型、打印等参数进行设置，如图 2.71 所示。

4. 设定绘图范围

选择【格式】|【图形界限】菜单命令或直接在命令行输入"LIMITS"，可启动该命令，

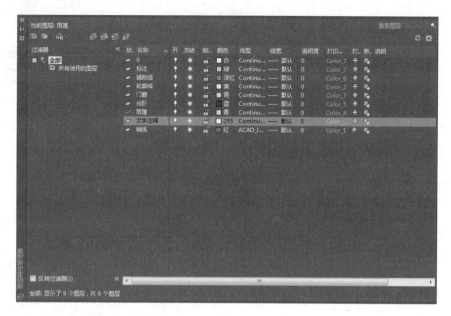

图 2.71 立面图的图层参数设置

输入左下角坐标和右上角坐标,以这两点为对角线的矩形范围是所设置的绘图范围。启动该命令后,指定左下角点坐标为(0.0000,0.0000),右上角点坐标为(50000.0000,60000.0000)。

5. 设置显示范围

选择【视图】|【缩放】|【全部】菜单命令或在命令行输入"ZOOM",然后选择"A"选项,全部显示绘图范围。

2.2.2 绘制①~⑥轴立面图

1. 复制小别墅一层平面图

选择【文件】|【打开】菜单命令,打开已经绘制好的小别墅一层平面图文件,选择整个图形,删除尺寸标注、轴线轴号、文字说明等,按下"Ctrl+C"组合键进行复制。

 特别提示

立面图中的图线包括:粗实线——外形轮廓;中粗实线——阳台、雨篷、门窗洞、台阶、花坛等;细实线——门窗扇、墙面引条线、雨水管等;1.4 倍的特粗实线——室外地面线。

2. 粘贴平面图到创建好的立面图文件中

在刚创建的①~⑥轴立面图文件窗口,按下"Ctrl+V"组合键,在视图中任意位置单击,将小别墅一层平面图复制到当前窗口,接着删除尺寸标注、轴号、文字等内容,得到一层平面图效果如图 2.72 所示。

3. 绘制修改一层立面图

打开图层工具栏【图层】下拉列表,选择【辅助线】图层,将【辅助线】图层设置为当前图层。

绘制立面辅助线,并且与一层平面图一一对应。应用【构造线】命令(XLINE),选择"V"选项,依次捕捉单击平面图下方要在立面图上显示的各个特征点,绘制多条垂直辅助线,如图 2.73 所示。

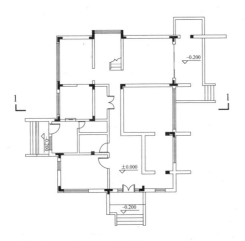

图 2.72　一层平面图效果

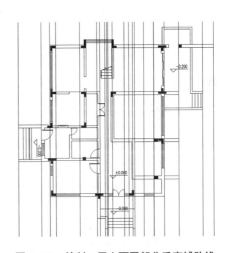

图 2.73　绘制一层立面图部分垂直辅助线

应用【构造线】命令(XLINE),选择"H"选项,在平面图下方绘制一条水平构造线。应用【偏移】命令(OFFSET),从下往上偏移辅助线,偏移的距离依次为 600mm、300mm、500mm、1650mm、550mm,偏移结果如图 2.74 所示。

应用【修剪】命令(TRIM),对各个门窗洞口等线条进行修剪,得到如图 2.75 所示的一层①~⑥轴立面图大体图。

绘制入口处的门。设置【门窗】图层为当前图层,并将状态栏中的【正交】【对象捕捉】打开。应用【偏移】命令(OFFSET)和【修剪】命令(TRIM),绘制入口处门及立面窗的样式。

绘制台阶。设置【台阶】图层为当前图层,台阶每阶高 100mm。应用【偏移】命令(OFFSET),将水平辅助线连续向上偏移 4 次,每次偏移 100mm。应用【修剪】命令(TRIM),将多余的直线修剪。

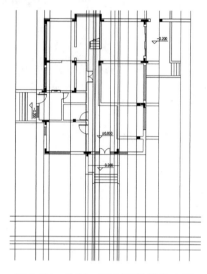
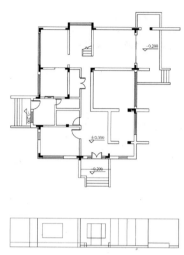

图 2.74 绘制一层立面图部分水平辅助线

图 2.75 一层①～⑥轴立面图大体图

绘制雨篷。设置【雨篷】图层为当前图层,应用【直线】(LINE)、【偏移】(OFFSET)、【修剪】(TRIM)等命令,根据辅助线绘制①～⑥轴立面图能看到的部分雨篷。

将①～⑥轴立面图中作为墙体的部分图层从【辅助线】图层改为【墙体】图层,得到一层①～⑥轴立面图,如图 2.76 所示。

图 2.76 一层①～⑥轴立面图

4. 绘制修改二层立面图

将【辅助线】图层设置为当前图层。

绘制立面辅助线,并且与二层平面图一一对应。应用【构造线】命令(XLINE),选择"V"选项,依次捕捉单击平面图下方要在立面图上显示的各个特征点,绘制多条垂直辅助线。

应用【构造线】命令(XLINE),选择"H"选项,在平面图下方绘制一条水平构造线。应用【偏移】命令(OFFSET),从下往上偏移辅助线,偏移的距离依次为800mm、1000mm、650mm、550mm,偏移结果如图 2.77 所示。

应用【修剪】命令(TRIM),对各个门窗洞口等线条进行修剪,得到如图 2.78 所示的二层①～⑥轴立面图大体图。

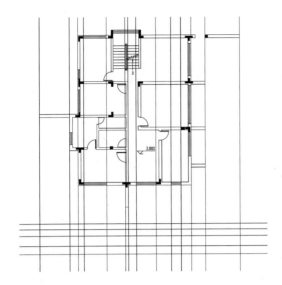

图 2.77　绘制二层部分水平辅助线

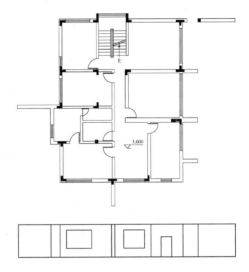

图 2.78　二层①～⑥轴立面图大体图

设置【门窗】图层为当前图层，并将状态栏中的【正交】【对象捕捉】打开。应用【偏移】（OFFSET）和【修剪】（TRIM）命令，绘制二层立面窗的样式。

将①～⑥轴立面中作为墙体的部分图层从【辅助线】图层改为【墙体】图层，得到二层①～⑥轴立面图，如图 2.79 所示。

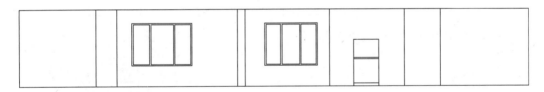

图 2.79　二层①～⑥轴立面图

5. 绘制女儿墙

应用【偏移】命令（OFFSET），由二层①～⑥轴立面图顶线向上偏移辅助线，偏移的距离为 1000mm。应用【延伸】命令（EXTEND），将相关墙线向上延伸至女儿墙边沿。应用【修剪】命令（TRIM），对女儿墙处线条进行修剪。应用【移动】命令（MOVE），将一层①～⑥轴立面图移动至此处并一一对应，得到组合完成的①～⑥轴立面图，如图 2.80 所示。

6. 绘制外轮廓线和地坪线

将【轮廓线】图层设置为当前图层，应用【多段线】命令（PLINE），绘制外轮廓线，按照命令行提示选择左下角外轮廓线为起点，设置多段线的线宽为"40"，依次捕捉墙体端点，完成小别墅①～⑥轴立面图外轮廓线的创建。应用【多段线】命令（PLINE），绘

图 2.80　组合完成的①～⑥轴立面图

制地坪线，外轮廓线和地坪线的绘制效果如图 2.81 所示。

图 2.81　外轮廓线和地坪线的绘制效果

特别提示

有时可能会发现已经在【图层】中设置了线宽，然而在实际的绘图中却没有显示线宽，此时需要选择【格式】│【线宽】命令，在弹出的【线宽设置】对话框中选择【显示线宽】复选框即可。

7. 添加尺寸标注、轴号和文字注释

尺寸标注主要包括立面图各层的层高、室内外地坪标高、屋顶标高及门窗洞口的标高。

将【标注】图层设置为当前图层。应用【直线】命令（LINE），绘制如图 2.82（a）所示的等腰直角三角形作为标高符号，如果标注位置不够，也可以按照图 2.82（b）所示形式绘制。

应用【多行文字】命令（MTEXT），在直线上方注写标高数值，标高数值应以"m"

为单位，注写到小数点以后第三位，零点标高应注写成"±0.000"，正数标高不标注"＋"，负数标高应该标注"－"。完成的零点标高绘制效果如图 2.83 所示。需要注意的是，标高符号的尖端应指至被标注高度的位置上，尖端一般应向下，也可以向上。标高数字应注写在标高符号的左侧或者右侧。

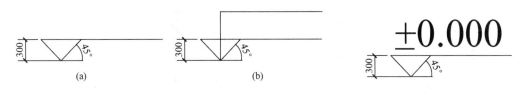

图 2.82　标高符号形式　　　　　　　　　　　　图 2.83　零点标高绘制效果

应用【复制】命令（COPY）及【修改】|【对象】|【文字】|【编辑】命令（TEXTEDIT），得到①～⑥轴立面图上的所有标高，如图 2.84 所示。

图 2.84　①～⑥轴立面图上的所有标高

在建筑立面图中，除了需标注标高外，还需要标注出轴线符号，以表明立面图所在的范围。小别墅①～⑥轴立面图需要添加两条轴线的编号，分别是①号轴线和⑥号轴线，其中轴线符号的圆圈半径为 400mm。

应用【直线】命令（LINE），绘制出轴线的引线。应用【圆】命令（CIRCLE），绘制半径为"400"的圆作为轴线符号的圆圈。应用【移动】命令（MOVE），捕捉圆的象限点为基点，移动圆到引线正下方。应用【多行文字】命令（MTEXT），填写轴线的编号，编号文字对齐中心为圆心。应用【复制】命令（COPY），结合【对象捕捉】功能，绘制出另一条轴线编号。

绘制①～⑥轴立面图

应用【单行文字】命令（TEXT），注写立面图的名称及比例，添加了图名、标高、轴线编号和比例后的小别墅①～⑥轴立面图如图 2.85 所示。

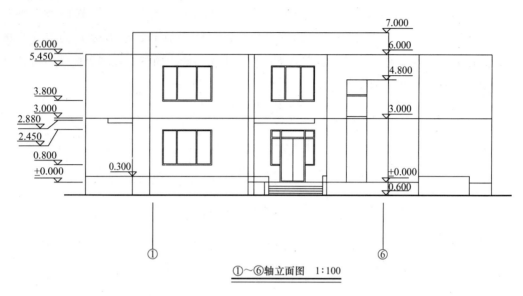

图 2.85　小别墅①～⑥轴立面图

2.3　AutoCAD 绘制小别墅剖面图

建筑剖面图主要反映建筑物的结构形式、垂直空间利用、各层构造做法和门窗洞口高度等内容。它是建筑物的垂直剖面图，是用一个假想的平行于正立投影面或侧立投影面的垂直剖切面剖开房屋，移去剖切面与观察者之间的部分，将剩余的部分按剖面方向投影面做正投影所得到的图样。

建筑剖面图的剖切位置一般选择在内部构造复杂或者具有代表性的位置，使建筑剖面图能够反映建筑内部的构造特征。剖切平面一般应平行于建筑的长度方向或者宽度方向，并且通过门窗洞口。剖切面的数量应根据建筑的实际复杂程度和建筑自身的特点来确定。

下面我们以小别墅 1—1 剖面图的绘制为例来讲述剖面图绘制的方法，其他剖面图的绘制方法与之类似。

2.3.1　设置绘图环境

绘图环境的设置方法已经在 2.1.1 节和 2.2.1 节中进行讲解，这里不再重复介绍。【图层特性管理器】对话框中颜色、线型、打印等参数的设置如图 2.86 所示。

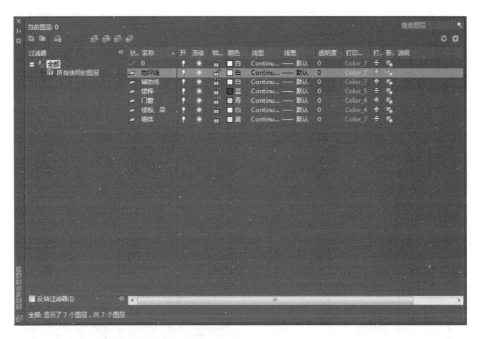

图 2.86 1—1 剖面图的图层参数设置

2.3.2 绘制 1—1 剖面图

1. 复制小别墅一层平面图

打开已经绘制好的小别墅一层平面图文件，框选整栋小别墅一层平面图，将其复制到新建的 1—1 剖面图文件中，删除尺寸标注、轴线轴号、文字说明等，得到如图 2.72 所示的平面图。

 特别提示

剖面图中的图线包括：粗实线——剖切到的墙身、楼板、屋面板、楼梯段、楼梯平台等轮廓线；中粗实线——未剖切到但可见的门窗洞、楼梯段、楼梯扶手和内外墙的轮廓线；细实线——门窗扇及其分格线、水斗及雨水管等，以及尺寸线、尺寸界线、引出线和标高符号；1.4 倍的特粗实线——室内外地坪线。

2. 绘制修改 1—1 剖面图一层部分

打开图层工具栏【图层】下拉列表，选择【辅助线】图层，将【辅助线】图层设置为当前图层。

绘制剖面辅助线，并且与一层平面图一一对应。应用【构造线】命令（XLINE），选择"V"选项，依次捕捉平面图下方要在剖面图上显示的各个特征点，绘制多条垂直辅助线，如图 2.87 所示。

应用【构造线】命令（XLINE），选择"H"选项，在平面图下方绘制一条水平辅助线。应用【偏移】命令（OFFSET），从下往上偏移辅助线，偏移的距离依次为 600mm、3000mm，其中 600mm 是室内外高差，3000mm 是层高，偏移结果如图 2.88 所示。

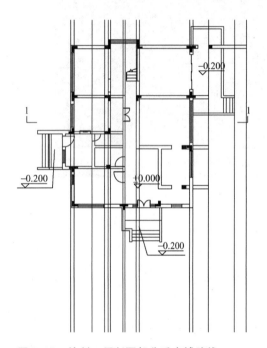
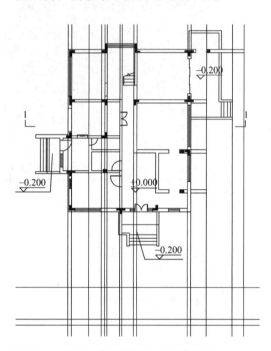

图 2.87 绘制一层剖面部分垂直辅助线　　图 2.88 绘制一层剖面部分水平辅助线

应用【修剪】命令（TRIM），对多余的辅助线进行修剪，得到如图 2.89 所示的效果。

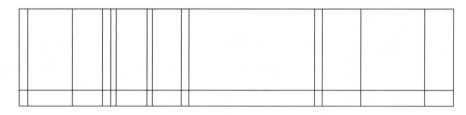

图 2.89 修剪后的 1—1 剖面图一层部分

应用【偏移】命令（OFFSET）和【修剪】命令（TRIM），对构造线、门窗洞口和 Ⓐ～Ⓗ 轴立面的入口平台的水平线条进行添加和修剪，其中入口平台距离一层室内地面高 300mm，窗台高 800mm，窗户高 1650mm，门高 2100mm，得到 1—1 剖面图一层部分轮廓线，如图 2.90 所示。

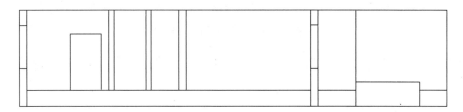

图 2.90 1—1 剖面图一层部分轮廓线

将【地坪线】图层设置为当前图层,应用【多段线】命令(PLINE),选择 "W" 选项,设置线宽为 "40",依次捕捉单击地坪线各转角点,绘制地坪线。

应用【删除】命令(ERASE),删除与地坪线重合的直线及下方的直线,得到绘制地坪线后的 1—1 剖面图一层部分,如图 2.91 所示。

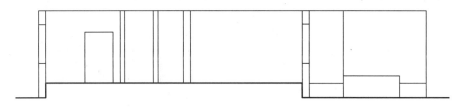

图 2.91 绘制地坪线后的 1—1 剖面图一层部分

将【楼板、梁】图层设置为当前图层,应用【偏移】命令(OFFSET),绘制出梁板辅助线。应用【修剪】命令(TRIM),对其进行修剪。应用【多段线】命令(PLINE),指定多段线线宽为 "20",根据辅助线绘制剖切到的楼板和梁,效果如图 2.92 所示。

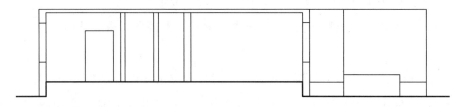

图 2.92 绘制楼板和梁后的 1—1 剖面图一层部分

将【墙体】图层设置为当前图层,应用【多段线】命令(PLINE),根据辅助线绘制出剖切到的墙体,效果如图 2.93 所示。

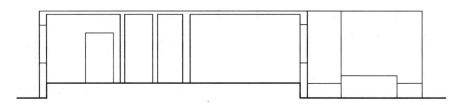

图 2.93 绘制剖切到的墙体后的 1—1 剖面图一层部分

将【门窗】图层设置为当前图层，应用【偏移】命令（OFFSET），偏移生成一层剖面图上剖切到的门窗洞口。应用【修剪】命令（TRIM），对其多余部分进行修剪，并把看到的门窗洞口的图层改成【门窗】图层，效果如图2.94所示。

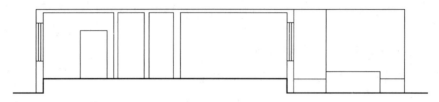

图2.94 绘制门窗洞口后的1—1剖面图一层部分

将【楼梯】图层设置为当前图层，应用【偏移】命令（OFFSET），偏移出楼梯踏步。应用【修剪】命令（TRIM），对其多余部分进行修剪，绘制好的1—1剖面图一层部分如图2.95所示。

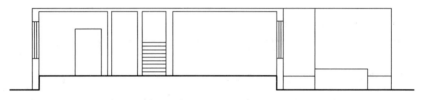

图2.95 绘制好的1—1剖面图一层部分

3. 绘制修改1—1剖面图二层部分

1—1剖面图二层部分的结构跟一层一致，绘制方法相同。

打开图层工具栏【图层】下拉列表，选择【辅助线】图层，将【辅助线】图层设置为当前图层。

绘制剖面辅助线，并且与二层平面图一一对应。应用【构造线】命令（XLINE），选择"V"选项，依次捕捉平面图下方要在剖面图上显示的各个特征点，绘制多条垂直辅助线。

应用【构造线】命令（XLINE），选择"H"选项，在平面图下方绘制一条水平构造线。应用【偏移】命令（OFFSET），从下往上偏移辅助线，偏移的距离为3000mm。

应用【修剪】命令（TRIM），对多余的辅助线进行修剪，得到如图2.96所示的效果。

图2.96 修剪后的1—1剖面图二层部分

应用【偏移】命令（OFFSET）和【修剪】命令（TRIM），对构造线、门窗洞口的水平线条进行添加和修剪，得到1—1剖面图二层部分轮廓线，如图2.97所示。

图2.97 1—1剖面图二层部分轮廓线

将【楼板、梁】图层设置为当前图层，应用【偏移】命令（OFFSET），绘制出梁板辅助线。应用【修剪】命令（TRIM），对其进行修剪。应用【多段线】命令（PLINE），指定多段线线宽为"20"，根据辅助线绘制剖切到的楼板和梁，效果如图2.98所示。

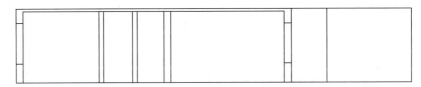

图2.98 绘制楼板和梁后的1—1剖面图二层部分

将【墙体】图层设置为当前图层，应用【多段线】命令（PLINE），根据辅助线绘制剖切到的墙体，如图2.99所示。

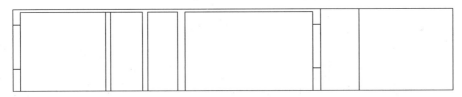

图2.99 绘制剖切到的墙体后的1—1剖面图二层部分

将【门窗】图层设置为当前图层，根据门窗洞口的高度，应用【偏移】命令（OFFSET）和【修剪】命令（TRIM），用细实线绘制修改剖切到的门窗，如图2.100所示。

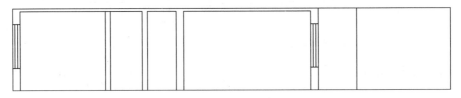

图2.100 绘制门窗后的1—1剖面图二层部分

将【楼梯】图层设置为当前图层，应用【偏移】命令（OFFSET），偏移出楼梯踏步。应用【修剪】命令（TRIM），对其多余部分进行修剪，绘制好的1—1剖面图二层部分如图2.101所示。

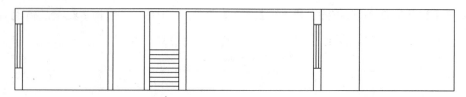

图 2.101 绘制好的 1—1 剖面图二层部分

4. 绘制修改屋顶剖面

应用【偏移】命令（OFFSET），偏移 1000mm 得到女儿墙高度。应用【直线】命令（LINE），绘制出屋顶边线和楼梯间边线。

将【墙体】图层设置为当前图层，应用【多段线】命令（PLINE），绘制剖切到的墙体，绘制好的 1—1 剖面图屋顶剖面效果如图 2.102 所示。

图 2.102 绘制好的 1—1 剖面图屋顶剖面效果

5. 组合各层剖面

应用【移动】命令（MOVE），将 1—1 剖面图二层部分、屋顶剖面移动至 1—1 剖面图一层部分相应位置上，得到组合后的 1—1 剖面图，如图 2.103 所示。

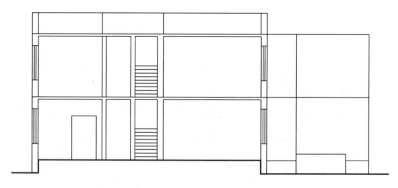

图 2.103 组合后的 1—1 剖面图

6. 标高标注和添加轴线

在建筑剖面图中，应标出被剖切到部分的必要尺寸，包括竖直方向剖切部位的尺寸和标高。需要标注门窗洞口的高度尺寸、层高、室内外的高差和建筑总的标高等。

在标高标注方面，剖面图中的标高可以参考立面图标高的方法，先绘制标高标注符号再进行标注。

在轴线标注方面，剖面图中除了标高标注外，还需要标注出轴线编号，标注轴线编号的方法与立面图相同。

7. 尺寸标注

设置尺寸标注样式的方法可以参考平面图绘制的相关内容。完成轴线、标高和尺寸标注后的小别墅1—1剖面图如图2.104所示。

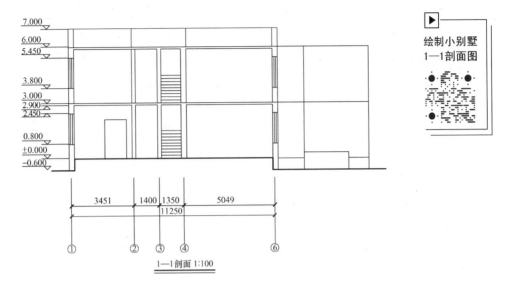

图2.104　小别墅1—1剖面图

| 模 块 小 结 |

本模块主要讲述使用AutoCAD绘制小别墅平面图、立面图和剖面图的方法和步骤。通过本模块的学习，可以熟悉建筑平面图、立面图和剖面图的基本知识和图示内容，掌握利用AutoCAD绘制建筑平面图、立面图和剖面图的方法和思路。

通过学习计算机在建筑设计中的应用方法，学生可以了解二维绘图和表现的系统工具的使用方法，较全面地掌握二维工程图形计算机辅助绘图和表现技术。

| 习　　题 |

一、选择题

（1）AutoCAD图形文件和样板文件的扩展名分别是（　　）。

A．dwt，dwg　　　　B．dwg，dwt　　　　C．bmp，bak　　　　D．bak，bmp

（2）对于【标注】|【坐标】命令，以下不正确的是（　　）。

A. 可以输入多行文字 B. 可以输入单行文字
C. 可以一次性标注 X 坐标和 Y 坐标 D. 可以改变文字的角度

(3) 对外部块的描述不正确的是（　　）。

A. 用"WBLOCK"命令建立外部块 B. 外部块插入时也可以缩放或旋转
C. 外部块的文件扩展名为 dwg D. 外部块只能插入到【0】层

(4) Arc 子命令中的（S，C，A）指的是哪种画圆弧方式？（　　）

A. 起点，圆心，终点 B. 起点，圆心，圆心角
C. 起点，终点，半径 D. 起点，终点，圆心角

(5) 在其他命令执行时可输入执行的命令称为（　　）。

A. 编辑命令 B. 执行命令 C. 透明命令 D. 绘图命令

二、简答题

(1) 何谓投影法？
(2) AutoCAD 的基本功能有哪些？
(3) 建筑平面图绘制内容有哪些？
(4) 建筑立面图绘制内容有哪些？
(5) 建筑剖面图绘制内容有哪些？

上 机 实 训

上机实训一：绘制综合楼一层平面图

【实训目的】

练习使用【多线】【修剪】【多线编辑】【圆弧】【偏移】【块】等命令绘制综合楼一层平面图。

【实训内容】

绘制如图 2.105 所示的综合楼一层平面图。

上机实训二：绘制综合楼屋顶平面图

【实训目的】

练习使用【直线】【修剪】【偏移】【填充】【标注】等命令绘制综合楼屋顶平面图。

【实训内容】

绘制如图 2.106 所示的综合楼屋顶平面图。

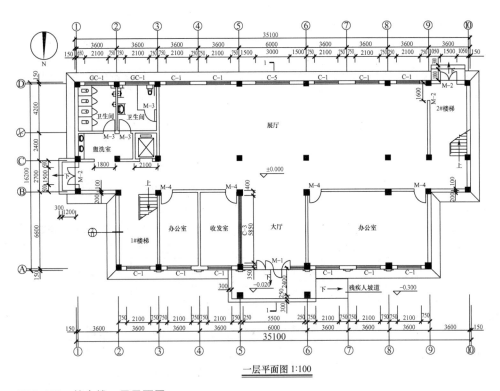

图 2.105 综合楼一层平面图

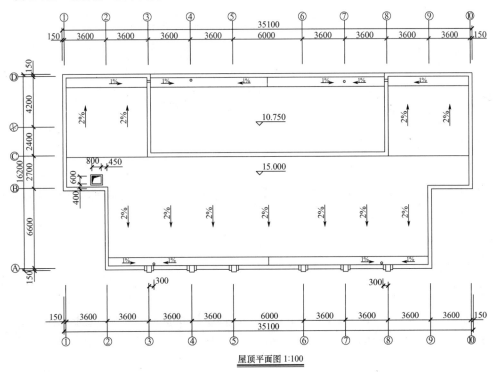

图 2.106 综合楼屋顶平面图

上机实训三：绘制综合楼①~⑩轴立面图

【实训目的】

练习使用【构造线】【直线】【修剪】【偏移】【标注】等命令绘制综合楼①~⑩轴立面图。

【实训内容】

绘制如图 2.107 所示的综合楼①~⑩轴立面图。

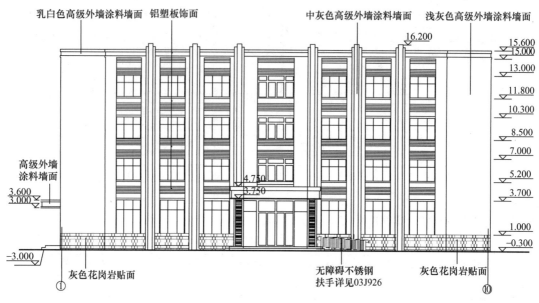

图 2.107 综合楼①~⑩轴立面图

上机实训四：绘制综合楼 1—1 剖面图

【实训目的】

练习使用【构造线】【直线】【修剪】【偏移】【标注】等命令绘制综合楼 1—1 剖面图。

【实训内容】

绘制如图 2.108 所示的综合楼 1—1 剖面图。

上机实训五：绘制综合楼楼梯详图

【实训目的】

练习使用【直线】【修剪】【偏移】【填充】【标注】等命令绘制综合楼楼梯详图。

【实训内容】绘制如图 2.109 所示的综合楼楼梯详图。

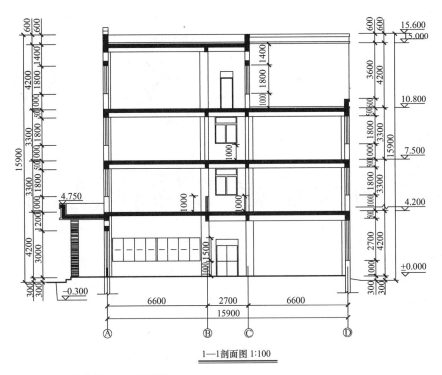

图 2.108 综合楼 1—1 剖面图

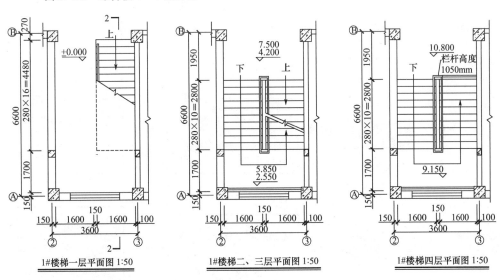

图 2.109 综合楼楼梯详图

模块2上机实训图纸

模块 3

T20天正建筑操作基础

教学目标

主要讲述 T20 天正建筑基础绘图工具的使用方法及能完成的操作。通过本模块的学习，应达到以下目标。

(1) 全面认识并了解 T20 天正建筑的特点。

(2) 掌握基础常用工具及命令的使用方法和能达到的绘图目的。

(3) 掌握天正建筑软件操作配置、基本界面、工具栏与键盘热键参数的使用。

(4) 培养良好的软件使用习惯与软件操作工作流，有效构建绘图任务与命令工具的操作逻辑联系。

思维导图

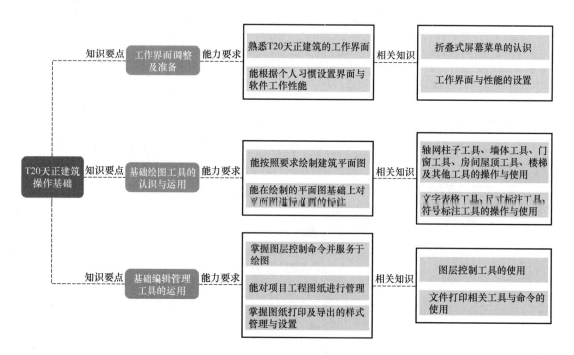

模块 3　T20天正建筑操作基础

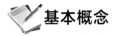 **基本概念**

折叠式屏幕菜单栏；图层控制；工程管理；打印。

 引例

建筑师使用的图示语言是相对固定的，尤其是建筑平面图中的每一种构件，如墙体、柱子、楼梯等，都有相对固定而规范的表达方式，因此如果能直接提供这些模块，在此基础上根据实际需求稍加调整，就能大大提升绘图的便捷程度与效率。而天正建筑正是基于此种理念为我们的绘图提供了各种建筑构件模块。

3.1　天正建筑软件基本界面操作

天正建筑软件是目前使用最广泛的建筑设计软件，对于高校建筑类专业的学生来说，天正建筑软件是必须学习的内容。T20 天正建筑是北京天正软件股份有限公司最新开发的又一代新产品，使得天正建筑软件功能更强大，内容更完善。

3.1.1　操作界面认识

1. 操作界面基础功能

T20 天正建筑针对建筑设计的实际需要，对 AutoCAD 的交互界面进行了必要的扩充，建立了自己的菜单系统和快捷键，新提供了可由用户自定义的折叠式屏幕菜单、新颖方便的在位编辑框、与选取对象环境关联的右键菜单和图标工具栏，同时保留了 AutoCAD 的所有菜单项和图标，既保持了 AutoCAD 的原有界面体系，又便于用户同时加载其他软件。

T20 天正建筑运行在 AutoCAD 之下，只是在 AutoCAD 的基础上添加了一些专门绘制建筑图形的折叠菜单和工具栏，其命令的调用方法与 AutoCAD 完全相同。T20 天正建筑的工作界面如图 3.1 所示。

2. 折叠式屏幕菜单

T20 天正建筑的主要功能都列在折叠式三级结构的屏幕菜单上，单击上一级菜单可以

图 3.1　T20 天正建筑的工作界面

展开下一级菜单，同级菜单互相关联，展开另外一级菜单时，原来展开的菜单自动合拢。二至三级菜单项是可执行命令或者开关项，图标设计具有专业含义，以方便用户增强记忆，更快地确定菜单项的位置。

由于屏幕的高度有限，折叠式屏幕菜单在展开较长的菜单后，有些菜单无法完全显示在屏幕上，可用鼠标滚轮上下滚动菜单快速选取当前不可见的项目，T20 天正建筑的折叠式屏幕菜单如图 3.2 所示。

单击折叠式屏幕菜单标题右上角按钮可以关闭菜单，按下"Ctrl"和"＋"组合键可以重新打开菜单。

3.1.2　工作界面与性能设置

1.【选项】设置

单击【应用程序】|【选项】|【打开和保存】，可设置文件另存为版本、自动保存等，如图 3.3 所示。（快捷键：Ctrl＋S）

单击【应用程序】|【选项】|【绘图】，可设置自动捕捉标记大小、十字光标靶框大小等，如图 3.4 所示。

单击【应用程序】|【选项】|【选择集】，可设置拾取框大小、夹点尺寸等，如图 3.5 所示。

图 3.2 折叠式屏幕菜单

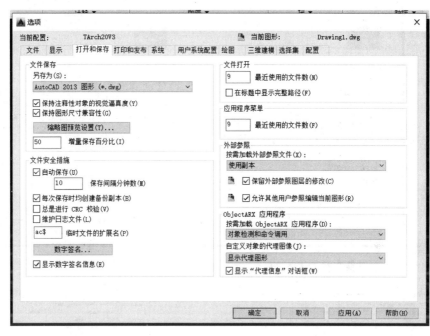

图 3.3 【选项】|【打开和保存】

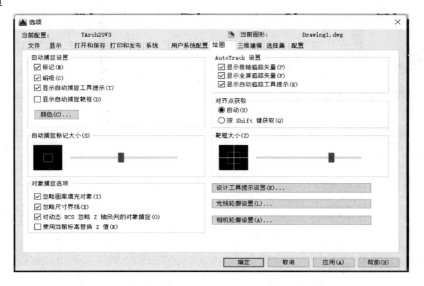

图 3.4 【选项】|【绘图】

2. 折叠式屏幕菜单【设置】选项

单击折叠式屏幕菜单【设置】|【自定义】,可自定义工具条和快捷键等,如图 3.6 和图 3.7 所示。

图 3.5 【选项】|【选择集】

图 3.6 【天正自定义】|【工具条】

图 3.7 【天正自定义】|【快捷键】

单击折叠式屏幕菜单【设置】|【天正选项】,可对工作界面进行基本设定,如图 3.8 所示。

图 3.8 【天正选项】|【基本设定】

单击折叠式屏幕菜单【设置】|【文字样式】，可对文字样式进行设定，如图 3.9 所示。

单击折叠式屏幕菜单【设置】|【图层管理】，可调出【图层标准管理器】，如图 3.10 所示。

图 3.9 【文字样式】

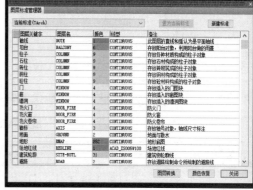

图 3.10 【图层标准管理器】

3. 新建 / 调用文件

单击快速访问工具栏中的【打开】按钮可调用文件。

 特别提示

T20 天正建筑热键定义见表 3.1。

表 3.1　T20 天正建筑热键定义

热　键	功　能
F1	AutoCAD 帮助文件的切换键
F2	屏幕的图形显示与文本显示的切换键
F3	对象捕捉开关
F4	三维对象捕捉
F5	等轴测平面转换
F6	动态 UCS 开关键
F7	屏幕格栅点状显示的切换键
F8	屏幕光标正交状态的切换键
F9	屏幕光标捕捉的开关键
F10	极轴追踪开关键

续表

热 键	功 能
F11	对象捕捉追踪开关键
F12	在 AutoCAD 2006 以上版本中,F12 键用于切换动态输入,天正建筑新提供显示墙基线用于捕捉的状态栏按钮
Ctrl +	屏幕菜单的开关键
Ctrl -	文档标签的开关键
Ctrl~	工程管理界面的开关键

T20 天正建筑的工作界面与性能设置快捷键见表 3.2。

表 3.2 工作界面与性能设置快捷键

菜单命令	快捷键	命令说明
自定义	ZDY	打开【天正自定义】对话框,可以修改操作配置、基本界面、工具条与快捷键的参数
天正选项	TZXX	打开【天正选项】对话框,可以设置建筑设计基本参数及加粗图案,基本设定只对本图有效,高级选项在下次启动后一直有效

3.2 绘制轴网柱子

3.2.1 轴网工具及绘制

由于轴线的操作需要灵活多变,因此天正软件把 AutoCAD 上的轴线对象默认为图层【DOTE】。

1. 绘制轴网

直线轴网的绘制

方法1:单击【轴网柱子】|【绘制轴网】,设置开间、进深的参数,生成标准的直线轴网或弧线轴网,如图 3.11 所示。(命令:TRectAxis)

方法2:对于平面布置中已有墙体的轴网绘制,单击【轴网柱子】|【墙生轴网】,选择需要生成轴线的墙体,按 Enter 键生成轴网。(命令:TWall2Axis)

方法 3：直接在【DOTE】图层上绘制直线、圆、圆弧。

2. 轴网标注

（1）多轴标注

单击【轴网柱子】|【轴网标注】|【多轴标注】，设置参数后，选择需要标注的起始轴线和终止轴线，按 Enter 键对已绘轴网进行标注，如图 3.12（a）所示。（命令：TMultAxisDim）

（2）单轴标注

单击【轴网柱子】|【轴网标注】|【单轴标注】，设置参数后，选择需要标注的轴线，按 Enter 键进行标注，如图 3.12（b）所示。（命令：TSingleAxisDim）

图 3.11 【绘制轴网】

(a)【多轴标注】

(b)【单轴标注】

图 3.12 【轴网标注】

3. 轴网修改

（1）添加轴线

单击【轴网柱子】|【添加轴线】，选择参考轴线，确认新增轴线是否为附加轴线，单击【是】（快捷键：Y），并确定新轴线偏移方向，输入偏移距离，按 Enter 键完成添加。【添加轴线】的命令行操作如图 3.13 所示。（命令：TInsAxis）

圆轴网的创建与标注

```
命令: TInsAxis
选择参考轴线 <退出>:
新增轴线是否为附加轴线?[是(Y)/否(N)]<N>: Y
是否重排轴号?[是(Y)/否(N)]<Y>:
距参考轴线的距离<退出>:
```

图 3.13 【添加轴线】的命令行操作

(2) 轴线裁剪

单击【轴网柱子】|【轴线裁剪】，确定各轴线裁剪方式，完成轴线裁剪。【轴线裁剪】的命令行操作如图 3.14 所示。（命令：TClipAxis）

```
命令: TClipAxic
矩形的第一个角点或 [多边形裁剪(P)/轴线取齐(F)]<退出>:
另一个角点<退出>:
```

图 3.14 【轴线裁剪】的命令行操作

(3) 轴网合并

单击【轴网柱子】|【轴网合并】，框选要合并的轴网按 Enter 键，选定需要对齐的边界。（命令：TMergeAxis）

(4) 轴改线型

根据建筑制图标准要求，绘制完成的轴线要用"点画线"表示。

单击【轴网柱子】|【轴改线型】，即可完成两种线型之间的切换。（命令：TAxisDote）

(5) 轴号编辑

① 对象编辑：轴号标注完成后，需要临时更改轴号名称及方向等，下面以【单轴变号】命令为例进行介绍。

将光标移至轴号对象上右击，在弹出的快捷菜单中单击【对象编辑】选项，然后在命令行中输入【单轴变号】选项参数字母"N"，单击要更改的轴号附近一点，最后输入新的轴号并按 Enter 键即可。

② 添补轴号：【添补轴号】命令可使新增轴线成为原有轴号的一部分，但不会生成轴线，也不会更新尺寸标注。

单击【轴网柱子】|【添补轴号】，单击轴号对象，确定新增轴号的位置，确定新增轴号是否为双侧标注，以及新增轴号是否为附加轴号。（命令：TAddLabel）

③ 删除轴号：【删除轴号】命令用于删除个别不需要的轴号。

单击【轴网柱子】|【删除轴号】，选择需要删除的轴号，按 Enter 键，根据需要确认是否重排轴号。（命令：TDelLabel）

3.2.2 柱子工具及绘制

T20 天正建筑对每种柱子的自定义对象不同，标准柱的柱高和截面可以表示其三维空间的位置和形状；构造柱只表示其截面形状，没有三维意义，只用于施工图设计。

1. 标准柱插入

单击【轴网柱子】|【标准柱】，弹出【标准柱】对话框，在对话框中可设置标准柱

参数。【标准柱】对话框中提供了 6 种创建标准柱的方式。(命令：TGColumn)

① 点选插入柱子：直接选择插入位置。

② 沿一根轴线布置柱子：选定一根轴线插入柱子。

③ 矩形区域布置：在指定矩形区域内所有轴线的交点处插入柱子。

④ 替换已插入的柱子：修改柱子参数，选择（可单选也可框选）替换的柱子。

标准柱的布置与编辑

⑤ 多段线的封闭图形转柱子：选择作为柱子的封闭多段线，指定对角点。

⑥ 拾取封闭的多段线或柱子进行插入。

2. 异形柱绘制

（1）角柱

单击【轴网柱子】|【角柱】，单击需要创建角柱的墙体角点，在【转角柱参数】对话框中设置角柱参数，单击【确定】按钮。(命令：TCornColu)

（2）构造柱

单击【轴网柱子】|【构造柱】，单击需要创建构造柱的墙体角点，在【构造柱参数】对话框中设置构造柱参数，单击【确定】按钮，如图 3.15 所示。(命令：TFortiColu)

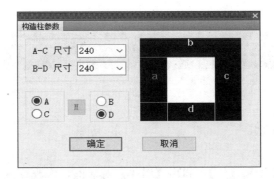

图 3.15 【构造柱参数】对话框

特别提示

T20 天正建筑绘制轴网柱子快捷键见表 3.3。

表 3.3 绘制轴网柱子快捷键

菜单命令	快捷键	命令说明
绘制轴网	HZZW	打开【绘制轴网】对话框，用户可以通过设置开间和进深的参数来绘制轴网
墙生轴网	QSZW	通过选取要从中生成轴网的墙体来生成定位轴线

续表

菜单命令	快捷键	命令说明
添加轴线	TJZX	选择参考轴线生成新轴线，并插入轴号
轴线裁剪	ZXCJ	框选需要裁剪的轴线，按 Enter 键完成轴线的裁剪
轴网合并	ZWHB	将多组轴网延伸到指定的对齐边界，使之成为一组轴网
轴改线型	ZGXX	调用该命令可以改变绘制轴线的线型
轴网标注	ZWBZ	打开【轴网标注】对话框，设置相应的参数后即可对轴线进行尺寸标注
添补轴号	TBZH	通过选取已有的轴号标注，在此基础上生成新的轴号
删除轴号	SCZH	通过框选需要删除的轴号来对其进行删除操作
标准柱	BZZ	打开【标准柱】对话框，可以修改柱子的材料参数、尺寸参数，通过鼠标点取来完成标准柱的插入
角柱	JZ	鼠标选取墙角来完成角柱的插入
构造柱	GZZ	鼠标选取墙角来完成构造柱的插入

3.3 绘制墙体

3.3.1 直接绘制墙体

单击【墙体】|【绘制墙体】，弹出【墙体】对话框，修改墙体参数，绘制默认直墙，如图 3.16 所示。（命令：TGWall）

3.3.2 墙体转换

1. 单线变墙

【单线变墙】命令可将线条图形生成以它为基准的墙体。

单击【墙体】|【单线变墙】，弹出【单线变墙】对话框，如图 3.17 所示。（命令：TSWall）

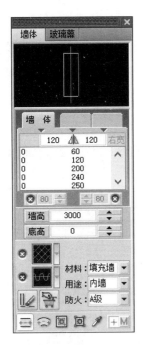

图 3.16 【墙体】对话框　　　　图 3.17 【单线变墙】对话框

2. 幕墙转换

【幕墙转换】命令可以将墙体转化为玻璃幕墙。

单击【墙体】|【幕墙转换】,选择要转换的墙体,按 Enter 键即可。(命令:TConvertCurtain)

3.3.3 墙体对齐

1. 基线对齐

单击【墙体】|【基线对齐】,单击作为对齐点的一个基线端点,然后选择要对齐的墙体,最后单击对齐点。【基线对齐】的命令行操作如图 3.18 所示。(命令:TAdjWallBase)

```
命令: TAdjWallBase
<墙基线开>
请点取墙基线的新端点或新连接点或 [参考点(R)]<退出>:
请选择墙体(注意:相连墙体的基线会自动联动!)<退出>:找到 1 个
请选择墙体(注意:相连墙体的基线会自动联动!)<退出>:
请点取墙基线的新端点或新连接点或 [参考点(R)]<退出>:
<墙基线关>
```

图 3.18 【基线对齐】的命令行操作

2. 边线对齐

【边线对齐】用于对齐墙边并维持基线不变。

单击【墙体】|【边线对齐】，选择墙边应通过的一点，然后选择需要对齐的一段墙。（命令：TAlignWall）

3. 改墙厚

单击【墙体】|【墙体工具】|【改墙厚】，修改墙厚参数。【改墙厚】的命令行操作如图 3.19 所示。（命令：TWallThick）

```
命令: TWallThick
选择墙体: 找到 1 个
选择墙体:
新的墙宽<240>:480
```

图 3.19 【改墙厚】的命令行操作

4. 改高度

单击【墙体】|【墙体工具】|【改高度】，可将选择的墙体、柱子或墙体造型的高度和底标高成批进行修改。（命令：TChHeight）

 特别提示

T20 天正建筑绘制墙体快捷键见表 3.4。

表 3.4 绘制墙体快捷键

菜单命令	快捷键	命令说明
绘制墙体	HZQT	打开【墙体】对话框，可以修改墙高参数、墙体宽度参数等，通过鼠标点取墙体的起点和终点来完成墙体的绘制
单线变墙	DXBQ	框选已经绘制好的直线轴网或者弧线轴网来生成双线表示墙体
幕墙转换	MQZH	选择需要转为幕墙的墙体按 Enter 键，即可将墙体转换为玻璃幕墙
基线对齐	JXDQ	墙边线保持不变，墙基线对齐经过给定点
边线对齐	BXDQ	墙基线保持不变，墙边线偏移到给定点
改墙厚	GQH	选择需要修改厚度的墙体，重新设置宽度，即可完成墙体厚度的修改
改高度	GGD	选择需要更改高度的墙体，设置新的高度值，按 Enter 键完成墙体高度的修改

3.4 绘制门窗

3.4.1 普通门窗的绘制

1. 创建普通门

单击【门窗】|【新门】,在弹出的【门】对话框中单击【平开门】,如图 3.20 所示。单击门的预览区域,选择门的立面样式,如图 3.21 所示,并设置门的参数,最后在需要插入的位置单击即可插入门。

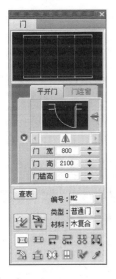

图 3.20 【门】对话框

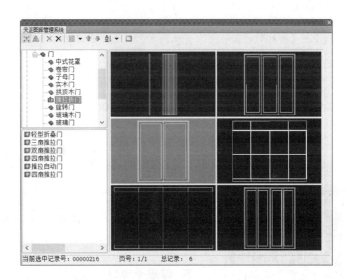

图 3.21 选择门的立面样式

2. 创建普通窗

单击【门窗】|【新窗】,弹出【窗】对话框,如图 3.22 所示。窗的插入与门类似,但比普通门多一个"高窗",选中后按规范图例以虚线表示高窗。在【窗】对话框中,单击窗的预览区域,选择窗的立面样式,如图 3.23 所示,然后设置窗参数,最后在绘图区墙体的适当位置单击即可插入窗。

普通门窗及多层门窗的创建

3. 创建弧窗

弧窗通常安装在弧墙上,弧窗上安装有与弧墙相同曲率、相同半径的弧形玻璃。

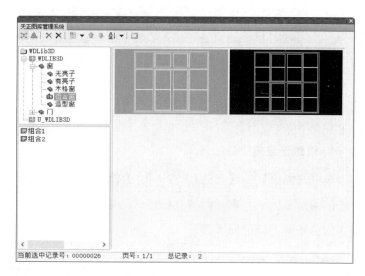

图 3.22 【窗】对话框　　　　图 3.23 选择窗的立面样式

单击【门窗】|【旧门窗】，在弹出的【门】对话框下方单击 按钮，将【门】对话框转换为【弧窗】对话框。设置好参数后单击插入。

4. 创建门连窗

单击【门窗】|【新门】，在弹出的【门】对话框中单击【门连窗】选项卡，如图 3.24 所示。在门连窗面板中单击门预览区域选择门样式，再单击窗预览区域选择窗样式，然后设置门连窗参数，并选择合适的插入方法，最后在绘图区中单击插入门连窗即可。

5. 创建子母门

单击【门窗】|【新门】，在【门】对话框中单击【平开门】选项卡，单击【绘制子母门】按钮，将【普通门】面板转换为【子母门】面板。单击【子母门】面板上预览区域，选择门的立面样式，然后设置子母门参数，并选择合适的插入方法。

6. 创建矩形洞

单击【门窗】|【旧门窗】，在【门】对话框下方单击【插矩形洞】按钮，将【门】对话框转换为【矩形洞】对话框。设置好矩形洞宽、高和底高参数，并设置矩形洞的显示方式后，在墙体上单击【确定】即可。

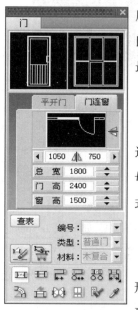

图 3.24 【门连窗】选项卡

7. 创建凸窗

单击【门窗】|【旧门窗】,在【门】对话框下方单击【插凸窗】按钮,将【门】对话框转换为【凸窗】对话框。设置好凸窗的各项参数后,在墙体确定凸窗插入位置即可。

3.4.2 特殊门窗的绘制

1. 创建组合门窗

单击【门窗】|【组合门窗】,选择需要组合的门窗和编号文字即可。(命令:TGroupOpening)

2. 创建带形窗

单击【门窗】|【带形窗】,在弹出的【带形窗】对话框中设置参数,如图 3.25 所示。单击带形窗的起点和终点,然后选择带形窗经过的墙体,按 Enter 键即可。(命令:TBanWin)

3. 创建转角窗

单击【门窗】|【转角窗】,在弹出的【绘制角窗】对话框中设置参数,如图 3.26 所示。单击要插入转角窗的墙角,输入两侧转角距离,即可完成转角窗的绘制。(命令:TCornerWin)

图 3.25 【带形窗】对话框

图 3.26 【绘制角窗】对话框

4. 创建异形洞

【异形洞】命令可以在直墙面上按给定的闭合多段线轮廓线生成任意形状的洞口。运行该命令前,可以先将屏幕设置为两个或多个视口,分别显示平面和立面,或者先用【墙面 UCS】命令使墙面处于立面显示状态,再用闭合多段线创建出洞口轮廓线,最后使用【异形洞】命令创建异形洞并在三维视图中查看。(命令:TPolyHole)

3.4.3 门窗编号及设置

1. 门窗编号

单击【门窗】|【门窗编号】,根据普通门窗的门洞尺寸大小编号,删除(或隐藏)

门窗自动编号

已经编号的门窗,转角窗和带形窗按默认规则编号。如果该编号的范围内门窗还没有编号,会出现选择要修改编号样板门窗的提示,该命令每一次执行只能对同一种门窗进行编号,因此只能选择一个门窗作为样板,同时选择多个对象则会要求逐个确认。相同门窗参数的门窗编号为同一个号码。如果以前这些门窗没有编号,也会提示默认的门窗编号值。(命令:TChWinLab)

2. 门窗表绘制

单击【门窗】|【门窗表】,启动【门窗表】命令,开始定制门窗表。门窗表如图 3.27 所示。(命令:TStatOp)

图 3.27 门窗表

特别提示

T20 天正建筑绘制门窗快捷键见表 3.5。

表 3.5 绘制门窗快捷键

菜单命令	快捷键	命 令 说 明
组合门窗	ZHMC	选择同一面墙的门窗和编号文字对其进行组合
带形窗	DXC	打开【带形窗】对话框,调整其参数后在一段或连续多段墙上插入同一编号的窗
转角窗	ZJC	打开【绘制角窗】对话框,对窗参数进行设置,分别选取墙角和输入转角窗转角距离,完成窗图形的插入
异形洞	YXD	在立面显示状态,选择墙面上洞口轮廓线的闭合多段线,可以生成任意深度的洞口
门窗编号	MCBH	选择需要改编号的门窗的范围,输入新的门窗编号即可完成门窗编号操作
门窗表	MCB	选取门窗图形,按 Enter 键即可生成门窗表

3.5 绘制房间屋顶

3.5.1 房间面积查询与计算

1. 房间面积查询

单击【房间屋顶】|【查询面积】,弹出【查询面积】对话框,如图 3.28 所示。单击 按钮,框选要查询面积的平面范围后按 Enter 键,并在指定位置标注房间面积,按 Esc 键退出。(命令:TSpArea)

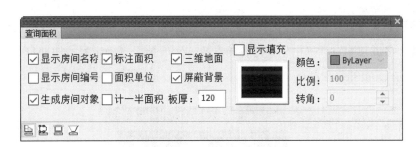

图 3.28 【查询面积】对话框

2. 面积计算

【面积计算】命令用于统计【查询面积】和【套内面积】等命令获得的房间使用面积、阳台面积和建筑面积等,用于不能直接测量到所需面积的情况,取面积对象或者数值文字均可。

单击【房间屋顶】|【面积计算】,根据命令行提示输入选项"Q",弹出【面积计算】对话框,然后选择需进行统计的面积对象或数值文字后按 Enter 键,则在【面积计算】文本框中显示了面积的相加,单击 = 按钮,可将选定的面积相加。接着单击【标在图上】按钮,在绘图区中指定面积标注位置,即可标注面积计算结果。(命令:TPlusText)

3.5.2 屋顶的绘制

1. 搜屋顶线

屋顶线是指屋顶平面图的边界线,T20 天正建筑提供了自动创建屋顶线的功能。

单击【房间屋顶】|【搜屋顶线】,根据命令行提示,框选整栋建筑的所有墙体,按

外墙的外皮边界生成屋顶线。

屋顶线在属性上为一条闭合的多段线,可以作为屋顶轮廓线,进一步绘制出屋顶的施工图,可用于构造其他楼层平面的辅助边界或用于外墙装饰线脚的路径。(命令:TRoflna)

2. 任意坡顶

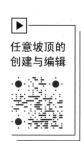

任意坡顶的创建与编辑

【任意坡顶】命令可以利用屋顶线或封闭的多段线生成任意形状和坡度角的坡顶。

单击【房间屋顶】|【任意坡顶】,根据命令行提示选择一条多段线后,依次输入"坡度角"和"出檐长"值即可。(命令:TSlopeRoof)

3. 人字坡顶

【人字坡顶】命令用于使用闭合的多段线为屋顶边界生成人字坡顶或单坡屋顶。

单击【房间屋顶】|【人字坡顶】,选择已创建好的屋顶线,指定屋顶脊梁线的起点和终点,在弹出的【人字坡顶】对话框中设置好各项参数,然后单击【确定】按钮即可,如图3.29所示。(命令:TDualSlopeRoof)

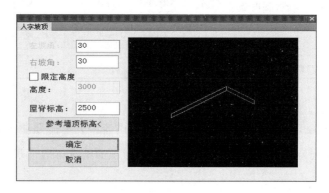

图 3.29 【人字坡顶】对话框

4. 攒尖屋顶

【攒尖屋顶】命令用于构造攒尖屋顶三维模型,但不能生成曲面构成的中国古建筑的亭子顶。

单击【房间屋顶】|【攒尖屋顶】,弹出【攒尖屋顶】对话框,如图3.30所示。设置屋顶的边数、屋顶高和出檐长后,在绘图区中指定插入基点(屋顶中心点)和第二点即可。(命令:TCuspRoof)

5. 矩形屋顶

【矩形屋顶】命令提供了一个能绘制歇山屋顶、四坡屋顶、人字屋顶和攒尖屋顶的新

图 3.30 【攒尖屋顶】对话框

屋顶命令。该命令绘制的屋顶平面仅限于矩形。

单击【房间屋顶】|【矩形屋顶】,弹出【矩形屋顶】对话框,如图 3.31 所示。设置参数,然后依次指定主坡墙外皮的 3 个点即可。(命令:TRectRoof)

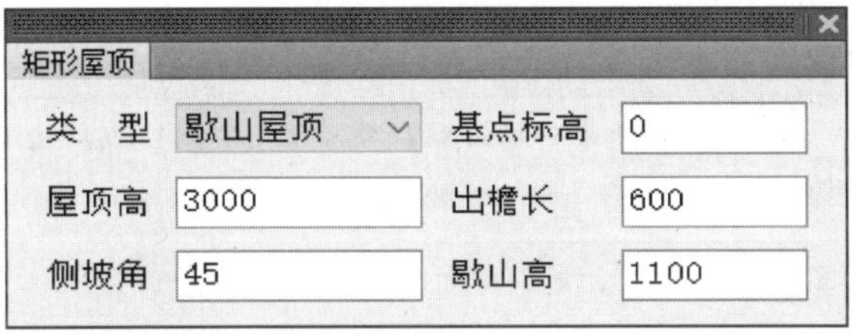

图 3.31 【矩形屋顶】对话框

6. 加老虎窗

【加老虎窗】命令可在屋顶上添加多种形式的老虎窗。

单击【房间屋顶】|【加老虎窗】,选择需要添加老虎窗的屋顶,弹出【加老虎窗】对话框,如图 3.32 所示。设置参数后单击【确定】按钮,然后在绘图区中指定老虎窗的插入位置即可。(命令:TDormer)

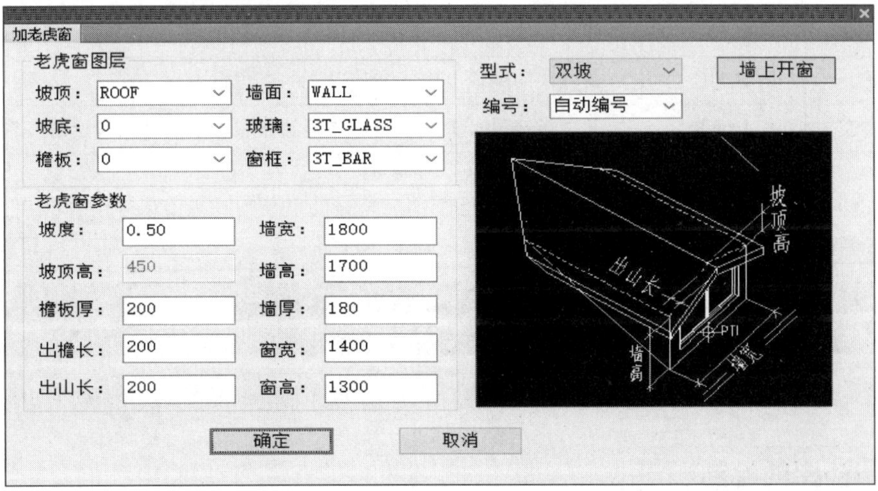

图 3.32 【加老虎窗】对话框

7. 加雨水管

【加雨水管】命令可在屋顶平面图上绘制穿过女儿墙或檐板的雨水管（雨水管只具有二维特性）。

单击【房间屋顶】|【加雨水管】，在屋顶平面图上指定入水洞口的起始点，然后指定入水洞口的结束点，即可完成雨水管的创建。（命令：TStrm）

 特别提示

T20 天正建筑绘制房间屋顶快捷键见表 3.6。

表 3.6　绘制房间屋顶快捷键

菜单命令	快捷键	命 令 说 明
查询面积	CXMJ	打开【查询面积】对话框，调整参数后选择需要查询面积的范围即可
面积计算	MJJS	选择求和的房间面积对象或面积数值文字，按 Enter 键即可
搜屋顶线	SWDX	选择构成一个完整建筑的所有墙体或门窗，并设置偏移外皮的距离，完成搜屋顶线的绘制
任意坡顶	RYPD	选择一段封闭的多段线，输入其坡度角及出檐长的数值，完成任意坡顶的绘制
人字坡顶	RZPD	选择一段封闭的多段线，制定屋脊线的起点和终点，完成人字坡顶的绘制
攒尖屋顶	CJWD	通过指定屋顶中心位置，可生成对称的正多边锥形攒尖屋顶
矩形屋顶	JXWD	分别由三点定义矩形，生成制定的坡度角和屋顶高的歇山屋顶等矩形屋顶
加老虎窗	JLHC	在三维的屋顶上生成多种形式的老虎窗
加雨水管	JYSG	通过指定雨水管入水洞口的起始点和结束点来进行绘制

3.6　绘制楼梯及其他

3.6.1　楼梯的绘制

双跑楼梯是最常见的楼梯形式，是由两跑直线梯段、一个休息平台、一个或两个扶手和一组或两组栏杆构成的自定义对象。下面以双跑楼梯为例介绍楼梯的绘制。

双跑楼梯的创建与修改

单击【楼梯其他】|【双跑楼梯】，在弹出的【双跑楼梯】对话框中设置各项参数，根据命令行提示插入双跑楼梯。（命令：TRStair）

3.6.2 电梯及自动扶梯的绘制

1. 创建电梯

【电梯】命令用于创建电梯平面图形，包括轿厢、平衡块和电梯门。

单击【楼梯其他】|【电梯】，在【电梯参数】对话框中设置参数，如图 3.33 所示。然后根据命令行提示创建电梯。（命令：TElevator）

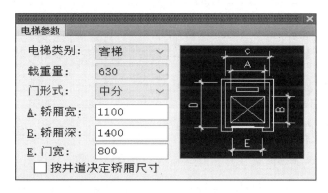

图 3.33 【电梯参数】对话框

2. 自动扶梯

自动扶梯是一种以运输带的方式运送行人或物品的运输工具，一般是斜置的。

单击【楼梯其他】|【自动扶梯】，弹出【自动扶梯】对话框，如图 3.34 所示。设置参数，单击【确定】按钮，然后在绘图区中指定插入位置即可。（命令：TDrawAutostair）。

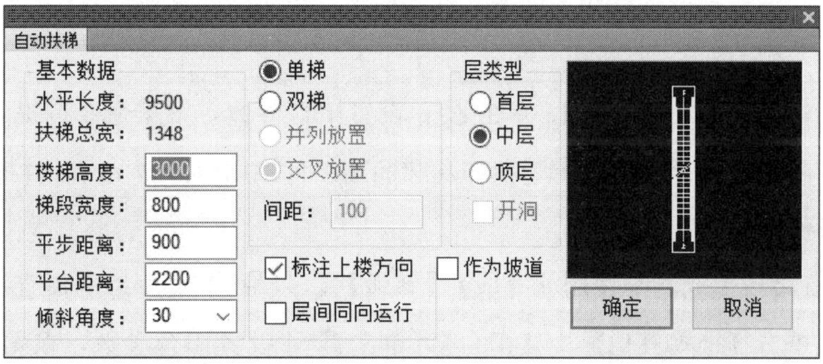

图 3.34 【自动扶梯】对话框

3.6.3 阳台、台阶、坡道、散水的绘制

1. 阳台

单击【楼梯其他】|【阳台】,弹出【绘制阳台】对话框,如图 3.35 所示。(命令:TBalcony)

图 3.35 【绘制阳台】对话框

(1) 凹阳台

单击【楼梯其他】|【阳台】,单击▢,设置阳台的各项参数,然后指定起点和终点即可。

(2) 矩形三面阳台

单击【楼梯其他】|【阳台】,单击▢,设置阳台的各项参数,然后指定阳台的起点和终点即可。

(3) 阴角阳台

单击【楼梯其他】|【阳台】,单击▢,设置阳台的各项参数,然后指定阳台的起点和终点即可。

(4) 沿墙偏移绘制

【沿墙偏移绘制】是指根据所选墙体的轮廓偏移生成阳台。

单击【楼梯其他】|【阳台】,单击▢,并设置阳台的各项参数,依次指定阳台偏移墙线的起点和终点,然后选择相邻的墙、柱和门窗并按 Enter 键即可。

(5) 任意绘制

单击【楼梯其他】|【阳台】,单击▢,设置阳台参数,根据命令行提示,任意绘制出直线或弧线的阳台外轮廓线,然后选择相邻的墙、柱和门窗并按 Enter 键即可。

(6) 选择已有路径生成

【选择已有路径生成】是使用【直线】【圆弧】【多段线】命令绘制出直线或弧线的阳台外轮廓线,单击【楼梯其他】|【阳台】,单击▢,设置阳台参数,根据命令行提示,选择绘制好的阳台外轮廓线,然后选择相邻的墙、柱和门窗并按 Enter 键即可。

2. 台阶

单击【楼梯其他】|【台阶】,弹出【台阶】对话框,如图 3.36 所示。(命令:TStep)

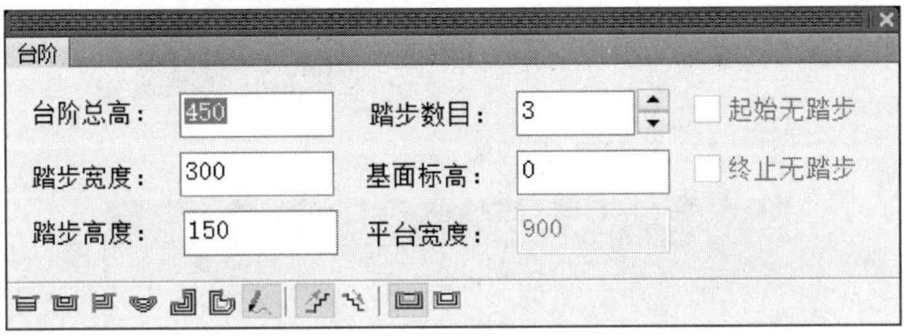

图 3.36 【台阶】对话框

(1) 矩形单面台阶

单击 ▤,并指定台阶的各项参数,根据命令行提示依次指定台阶的第一点和第二点,可以重复命令,按 Enter 键退出。

(2) 矩形三面台阶

单击 ▤,设置台阶参数,根据命令行提示依次指定台阶的第一点和第二点。

(3) 矩形阴角台阶

单击 ▤,设置台阶参数,根据命令行提示操作即可。

(4) 圆弧台阶

单击 ▧,设置台阶参数,根据命令行提示指定圆弧起点和终点即可。

(5) 沿墙偏移绘制

单击 ▤ 设置台阶参数,根据命令行提示指定台阶的起点和终点,然后选择相应部位的墙体和门窗即可。

(6) 选择已有路径绘制

单击 ▤,设置台阶参数,根据命令行提示,选择闭合的多段线作为平台轮廓线,然后选择相邻的墙体和门窗后按 Enter 键,接着单击不需要踏步的边后按 Enter 键即可。

(7) 任意绘制

单击 ▧,设置台阶参数,根据命令行提示,依次指定平台轮廓线的各个转角点后按 Enter 键,然后选择相邻的墙体和门窗,最后单击选择没有踏步的边并按 Enter 键即可。

3. 坡道

单击【楼梯其他】|【坡道】,弹出【坡道】对话框,如图 3.37 所示。设置坡道的参数,然后在指定位置单击即可。(命令:TAscent)

4. 散水

单击【楼梯其他】|【散水】,弹出【散水】对话框,如图 3.38 所示。(命令:TOutlna)

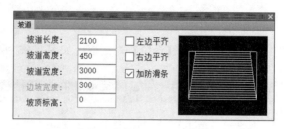

图 3.37 【坡道】对话框

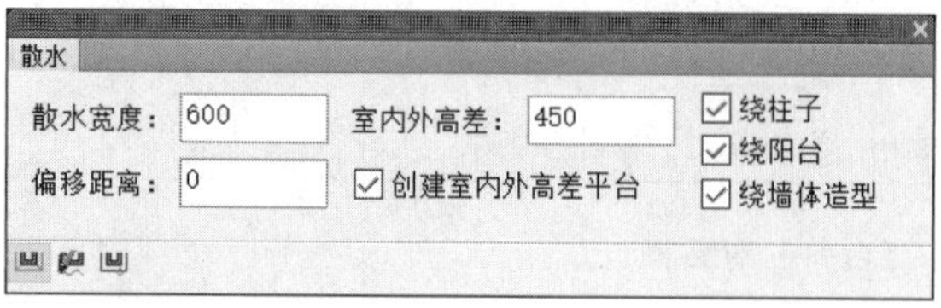

图 3.38 【散水】对话框

（1）搜索自动生成

单击，根据命令行提示框选整层所有墙体后按 Enter 键，软件会自动识别外墙，创建出散水。

（2）任意绘制

单击 ，设置散水参数，根据命令行提示，依次指定外墙轮廓线的各个转角点后按 Enter 键即可。

（3）选择已有路径生成

使用【多段线】或【圆】命令绘制出散水的外轮廓线，单击 ，设置散水参数，根据命令行提示，选择绘制好的散水外轮廓线并按 Enter 键即可。

特别提示

T20 天正建筑绘制楼梯及其他快捷键见表 3.7。

表 3.7 绘制楼梯及其他快捷键

菜单命令	快捷键	命令说明
双跑楼梯	SPLT	打开【双跑楼梯】对话框，调整参数后点取梯段位置来完成绘制
电梯	DT	打开【电梯】对话框，调整参数后依次点取开电梯门的墙线及平衡块所在的一侧，完成电梯的绘制
自动扶梯	ZDFT	打开【自动扶梯】对话框，调整参数后点取梯段位置来完成绘制
阳台	YT	打开【绘制阳台】对话框，调整参数后指定阳台的起点和终点完成阳台的绘制
台阶	TJ	打开【台阶】对话框，调整参数后根据命令行的提示完成台阶图形的绘制

续表

菜单命令	快捷键	命 令 说 明
坡道	PD	打开【坡道】对话框，调整参数后点取坡道位置来完成绘制
散水	SS	打开【散水】对话框，框选构成一个完整建筑的所有墙体或门窗、阳台后按 Enter 键完成散水图形的绘制

3.7 绘制文字表格

在建筑图样中，文字和表格是不可缺少的一部分，添加到图形中的文字可以更好地表达各种信息，例如图样中的文字说明和门窗统计等都需要大量的文字信息。本节主要介绍在建筑图样中如何创建并编辑文字和表格。

3.7.1 文字插入

利用 T20 天正建筑可以创建单行文字、多行文字和曲线文字，还可以对创建好的文字进行各种编辑。在 T20 天正建筑当中，通常使用【文字样式】命令来统一设置和修改相关文字的格式。

1. 文字样式

【文字样式】命令可以创建新的文字样式，或修改已存的文字样式，主要包括设置文字的高度、宽度、字体和样式名称等。修改文字样式后，在当前图样中使用此样式的文字随之被更改。

单击【文字表格】|【文字样式】，弹出【文字样式】对话框，如图 3.39 所示。在该对话框中设置好参数以后，单击【确定】按钮，即可完成文字样式的设置。（命令：TStyleEx）

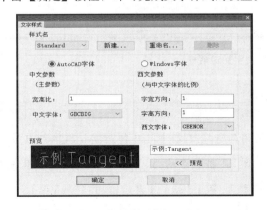

图 3.39 【文字样式】对话框

2. 单行文字

【单行文字】命令用于创建单行文字，用户可通过【文字样式】统一设置单行文字的样式，同时可以为文字设置上下标、加圆圈、添加特殊符号和导入专业词库等。

单击【文字表格】|【单行文字】，弹出【单行文字】对话框，如图 3.40 所示。在对话框中设置参数，然后在绘图区中指定插入位置，即可创建单行文字。（命令：TText）

图 3.40 【单行文字】对话框

3. 多行文字

【多行文字】命令用于根据设置好的文字样式按段落输入文字，并且可以方便地设置行距和页宽等。单击【文字表格】|【多行文字】，弹出【多行文字】对话框，如图 3.41 所示。设置参数后单击【确定】按钮，然后在绘图区中指定多行文字插入位置，即可创建多行文字。（命令：TMText）

图 3.41 【多行文字】对话框

 特别提示

1. AutoCAD 可以调用两种字体文件，一种是 AutoCAD 自带的字体文件（位于安装目录：\AutoCAD\Fonts），扩展名均为 shx。一般情况下，优先使用这些字体，因为其占用磁盘空间较小。另一种是 Windows 字库（位于 C：\WINDOWS\Fonts），只要不选中【使用大字体】复选框，就可以调用这种字体，但这种字体占用磁盘空间较大。

2. 需要注意的是，大字体 gbcbig.shx 为汉字字体。T20 天正建筑设定了大字体 gbcbig.shx 的 Standard 字体样式，用 simplex.shx 写阿拉伯数字，用 gbcbig.shx 写汉字。同时设定了大字体 gbcbig.shx 的【轴标】字体样式，用 complex.shx 写阿拉伯数字和英文字体，用 gbcbig.shx 写汉字。

3. 对【文字样式】对话框中的参数进行修改后，一定要单击【确定】按钮，使其成为有效设置后再关闭对话框，否则会前功尽弃。

4. T20 天正建筑不同类型文字出图前后的字高见表 3.8。

表 3.8 不同类型文字出图前后的字高

序 号	类 型		出图后的字高/mm	出图前的字高
1	一般字体		3.5	3.5mm×比例
2	定位轴线编号		5	5mm×比例
3	图名		7	7mm×比例
4	图名旁边的比例		5	5mm×比例
5	详图符号 1	②	10	10mm×比例
6	详图符号 2	②/5	5	5mm×比例
7	详图索引符号	⑤/6	3.5	3.5mm×比例

3.7.2 表格绘制

利用 T20 天正建筑的表格功能，只需进行简单的设置，就可以快速、完整地创建出表格，并可方便地对表格内容进行编辑。

1. 新建表格

利用【新建表格】命令可以通过设置参数新建一个表格。

单击【文字表格】|【新建表格】，弹出【新建表格】对话框，如图 3.42 所示。设置表格行数、列数、行高、列宽及标题后，单击【确定】按钮，然后在绘图区中指定表格的左上角点，即可新建一个表格。新建表格示意如图 3.43 所示。（命令：TNewSheet）

2. 表格编辑

（1）全屏编辑

【全屏编辑】命令可对选中的表格进行表行（或表列）或单元格内容的编辑。

单击【文字表格】|【表格编辑】|【全屏编辑】，在绘图区中选择表格对象，弹出【表格内容】对话框，在该对话框中可修改表格内容，或执行新建与删除行（列）等操作。操作完成后，单击【确定】按钮，即可完成全屏编辑操作，如图 3.44 所示。（命令：TSheetEdit）

图 3.42　【新建表格】对话框　　　图 3.43　新建表格示意

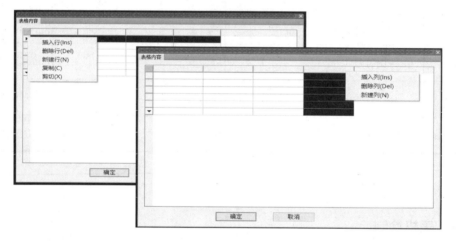

图 3.44　全屏编辑操作

（2）拆分表格

【拆分表格】命令可以把表格按行或按列拆分为多个表格，也可以按用户设定的行列数自动拆分。

单击【文字表格】|【表格编辑】|【拆分表格】，弹出【拆分表格】对话框，如图 3.45 所示。设置参数并选中【自动拆分】复选框，单击【拆分】按钮后，在绘图区中选择需拆分的表格，软件随即根据设定的参数拆分两个表格。当取消选中【自动拆分】复选框时，单击【拆分】按钮后，在绘图区中指定需拆分的起始行（或列），并指定表格插入位置即可。（命令：TSplitSheet）

（3）合并表格

【合并表格】命令将多个表格逐次合并为一个表格，这些待合并的表格行列数可以与

图 3.45 【拆分表格】对话框

原来的表格不等,默认按行合并,也可以改为按列合并。

单击【文字表格】|【表格编辑】|【合并表格】,根据命令行提示确认合并的类型,输入选项"C"切换表格类型,然后指定要合并的多个表格,即可完成表格的合并。此处以合并表行为例,其操作如图 3.46 所示。(命令:TMergeSheet)

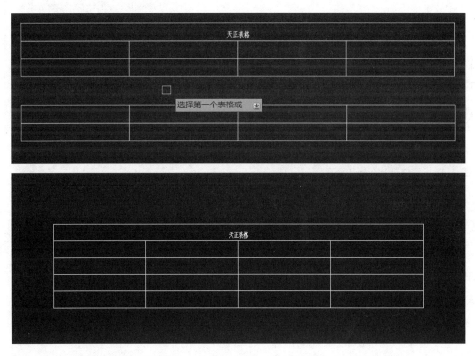

图 3.46 合并表行操作

3. 表格转出

(1) 转出 Word

【转出 Word】命令可将表格对象的内容输出到 Word 文档中,以供用户制作报告文件。单击【文字表格】|【转出 Word】,在绘图区中选择表格对象,并按 Enter 键,即可将选定的表格内容输出到 Word 文档中。例如将图 3.47(a)的表格转出 Word 后如图 3.47(b)所示。(命令:Sheet2Word)

(a) T20天正建筑中的表格

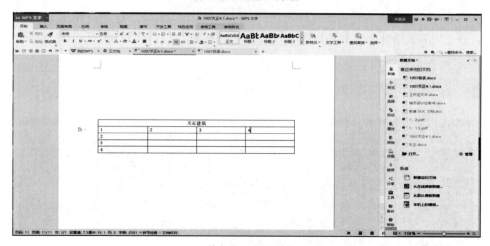

(b) 输出到Word中的表格

图 3.47　表格转出 word 示意

(2) 转出 Excel

【转出 Excel】命令可将表格对象的内容输出到 Excel 文档中，以供用户制作报告文件。

单击【文字表格】|【转出 Excel】，在绘图区中选择表格对象，并按 Enter 键，即可将选定的表格内容输出到 Excel 文档中。例如将图 3.47（a）的表格转出 Excel 后如图 3.48 所示。（命令：Sheet2Excel）

图 3.48　表格转出 Excel 示意

特别提示

T20 天正建筑绘制文字表格快捷键见表 3.9。

表 3.9 绘制文字表格快捷键

菜单命令	快捷键	命 令 说 明
文字样式	WZYS	打开【文字样式】对话框，可以设置图形中文字的当前样式
单行文字	DHWZ	打开【单行文字】对话框，调整参数后点取文字的插入位置完成操作
新建表格	XJBG	弹出【新建表格】对话框，调整参数后指定表格的左上角点完成表格的新建
全屏编辑	QPBJ	对表格内容进行全屏编辑
拆分表格	CFBG	弹出【拆分表格】对话框，可将表格分解为多个子表格，有行拆分和列拆分两种方式
合并表格	HBBG	可将多个表格合并为一个表格，有行合并和列合并两种方式

3.8 绘制尺寸标注

3.8.1 标注的几种形式

1. 快速标注

【快速标注】命令可快速识别建筑的外轮廓线或对象节点并标注尺寸，该命令特别适用于选择平面图后进行快速标注。

单击【尺寸标注】|【快速标注】，根据命令行提示，框选要标注的墙，按 Enter 键结束选择，即可完成【快速标注】命令。（命令：TFreedomDim）

尺寸快速标注与编辑

2. 门窗标注

【门窗标注】命令可以标注门窗的尺寸和门窗在墙中的位置。

单击【尺寸标注】|【门窗标注】，根据命令行提示"请用线选第一、二道尺寸线及

墙体！"选择起点、终点和其他墙体，即可完成门窗标注，当指定单独的门窗时，在用户选定的位置标注出门窗尺寸线。值得注意的是，第一道尺寸线至第二道尺寸线的距离与第二道尺寸线至第三道尺寸线的距离必须相等。（命令：TDim3）

3. 墙厚标注

【墙厚标注】命令可在图中标注两点连线经过的一段至多段天正墙体对象的墙厚尺寸，标注可识别墙体的方向，标注出与墙体正交的墙厚尺寸。当墙体有轴线存在时，标注以轴线划分左右宽，当墙体内没有轴线存在时，标注墙体的总宽。创建墙厚标注的具体操作步骤和效果如图3.49所示。（命令：TDimWall）

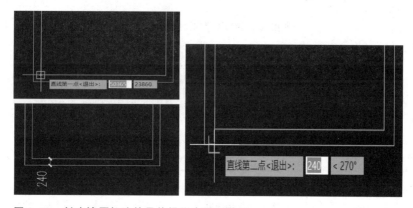

图 3.49　创建墙厚标注的具体操作步骤和效果

4. 楼梯标注

【楼梯标注】命令可在图中标注楼梯具体的梯段尺寸及休息平台尺寸。

单击【尺寸标注】｜【楼梯标注】，在绘图区中指定楼梯上一点即可标注楼梯尺寸。创建楼梯标注的效果如图3.50所示。（命令：TDimStair）

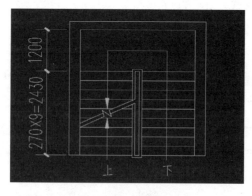

图 3.50　创建楼梯标注的效果

5. 半径/直径标注

(1) 半径标注

用【半径标注】命令标注弧线或圆弧墙的半径，当尺寸文字容纳不下时，系统会按照制图标准规定，自动引出标注在尺寸线外侧。

单击【尺寸标注】|【半径标注】，在绘图区中指定圆弧上一点即可标注好半径。（命令：TDimRad）

(2) 直径标注

【直径标注】命令也可以自动引出标注在尺寸线外侧。

单击【尺寸标注】|【直径标注】，在绘图区中指定圆弧上一点即可标注好直径。（命令：TDimDia）

6. 角度标注

【角度标注】命令可以按逆时针方向标注两根直线之间的夹角。

单击【尺寸标注】|【角度标注】，根据命令行提示，按逆时针方向依次选择要标注角度的两条直线即可完成角度的标注。（命令：TDimAng）

3.8.2 尺寸编辑

T20天正建筑提供的尺寸标注对象是天正自定义对象，支持裁剪、延伸和打断等编辑命令，其使用方法与AutoCAD的尺寸对象相同。本节主要介绍T20天正建筑提供的专用尺寸编辑命令，主要包括【文字复位】【文字复值】【裁剪延伸】【取消尺寸】【连接尺寸】等。

1. 文字复位与文字复值

(1) 文字复位

【文字复位】命令用于将尺寸标注中用拖动夹点移动过的文字恢复到原来的初始位置。

单击【尺寸标注】|【尺寸编辑】|【文字复位】，然后选择需要复位的天正尺寸标注，按Enter键结束选择，即可将标注文字还原到初始位置。（命令：TResetDimP）

(2) 文字复值

【文字复值】命令用于将尺寸标注中被有意修改的文字恢复回尺寸的初始数值。

单击【尺寸标注】|【尺寸编辑】|【文字复值】，然后选择需要复值的天正尺寸标注，按Enter键结束选择，即可将有意修改的文字恢复到初始数值。（命令：TResetDimT）

2. 裁剪延伸

【裁剪延伸】命令用于根据指定的位置裁剪或延伸尺寸线。（命令：TDimTrimExt）

3. 取消尺寸

【取消尺寸】命令用于删除天正标注对象中指定的尺寸线区间。

单击【尺寸标注】│【尺寸编辑】│【取消尺寸】，单击需要取消尺寸的天正尺寸标注文字，即可取消所选尺寸。（命令：TDimDel）

4. 连接尺寸

【连接尺寸】命令用于连接两个独立的天正自定义直线或圆弧标注对象，将选择的两个尺寸线区间加以连接，将原有的两个标注对象合并为一个标注对象。如果准备连接的标注对象尺寸线之间不共线，则连接后的标注对象以第一个选择的标注对象为主对齐。该命令通常还用于将AutoCAD的尺寸标注对象转为天正尺寸标注对象。

单击【尺寸标注】│【尺寸编辑】│【连接尺寸】，然后依次指定需连接的两段尺寸标注即可。（命令：TMergeDim）

5. 尺寸打断

【尺寸打断】命令用于分解尺寸对象。（命令：TDimBreak）

6. 合并区间和拆分区间

【合并区间】和【拆分区间】命令用于合并和拆分尺寸标注区间。（命令：TConbineDim 和 TDimdivide）

7. 等分区间

【等分区间】命令用于等分指定的尺寸标注区间。

单击【尺寸标注】│【尺寸编辑】│【等分区间】，在绘图区中指定要等分的尺寸区间，然后输入等分数值后按 Enter 键确认。（命令：TAverageDim）

8. 等式标注

【等式标注】命令可将指定的尺寸标注区间尺寸自动除以等分数，以此数值作为标注文字，不能将等分数整除的尺寸保留一位小数。

单击【尺寸标注】│【尺寸编辑】│【等式标注】，指定需要等分的尺寸区间，然后输入等分数后，按 Enter 键确认，即可完成等式标注的创建。（命令：TDivideDim）

9. 增补尺寸

【增补尺寸】命令用于在一个天正自定义直线标注对象中增加区间，增补新的尺寸界线，断开原有区间。

单击【尺寸标注】│【尺寸编辑】│【增补尺寸】，点选待增补的标注点的位置，完成增补尺寸操作。（命令：TBreakDim）

特别提示

T20天正建筑绘制尺寸标注快捷键见表3.10。

表 3.10 绘制尺寸标注快捷键

菜单命令	快捷键	命 令 说 明
快速标注	KSBZ	调用命令后,选择要标注的墙,按 Enter 键完成标注
门窗标注	MCBZ	选择起点、终点和其他墙体,可以标注门窗的定位尺寸,即第三道尺寸线
墙厚标注	QHBZ	根据命令行提示,分别选择直线的第一点和第二点,对墙体进行墙厚标注
楼梯标注	LTBZ	用于标注楼梯踏步及井宽、梯段宽等楼梯尺寸
半径标注	BJBZ	选择待标注的圆弧,按 Enter 键完成标注
直径标注	ZJBZ	选择待标注的圆弧,按 Enter 键完成标注
角度标注	JDBZ	分别选择呈一定角度的两条直线,对其进行角度标注
文字复位	WZFW	选择需复位文字的对象,按 Enter 键,可将文字的位置恢复到默认的尺寸线中点上方
文字复值	WZFZ	选择天正尺寸标注,按 Enter 键,可将文字恢复为默认的测量值
裁剪延伸	CJYS	根据指定的新位置,对尺寸标注进行裁剪或者延伸
取消尺寸	QXCC	选择待取消的尺寸区间的文字,按 Enter 键完成操作
连接尺寸	LJCC	分别选择主尺寸标注与需要连接的其他尺寸标注,按 Enter 键完成操作
尺寸打断	CCDD	在要打断的一侧点取尺寸线,按 Enter 键完成操作
合并区间	HBQJ	框选合并区间中的尺寸界线箭头,将相邻区间合并为一个区间
拆分区间	CFQJ	选择待拆分的尺寸区间,将其进行拆分
等分区间	DFQJ	选择需要等分的尺寸区间,指定等分数,按 Enter 键完成操作
等式标注	DSBZ	把尺寸文字以"等分数×间距=尺寸"的等式来表示
增补尺寸	ZBCC	选择尺寸标注,点取待增补的标注点的位置,完成尺寸的增补操作

3.9 绘制符号标注

T20天正建筑提供了符合国内建筑制图标准的符号标注形式,使用户可以方便快速地完成对建筑图纸的规范化符号标注。T20天正建筑提供的符号标注主要包括标高、箭头引注、引出标注、做法标注、索引符号、剖切符号等。其中剖切符号除了具有标注功能外,还用于辅助生成剖面。本节主要介绍这些符号的创建方法和编辑方法。

3.9.1 标高

【标高标注】命令可用于建筑专业的平面图标高标注、立面图和剖面图的楼面标高标注，以及总图专业的地坪标高标注、绝对标高和相对标高的关联标注。T20 天正建筑提供了符合总图制图规范的三角形和圆形实心标高符号，并提供了可选的两种标注排列关系，标高数字右方或者下方可加注文字，说明标高的类型。

标高标注及编辑

单击【符号标注】|【标高标注】，在弹出的【标高标注】对话框中选择【建筑】选项卡，可对建筑平面图、立面图和剖面图的标高进行标注。当选择【总图】选项卡时，可对总平面图进行标高标注。（命令：TMElev）

1. 建筑标高

这里以建筑楼层标高标注为例说明建筑标高标注的方法。建筑楼层标高标注操作步骤如图 3.51 所示。

图 3.51　建筑楼层标高标注操作步骤

2. 总图标高

这里以绘制一个总图标高符号为例，讲述总图标高标注的方法。在【标高标注】对话框中选择【总图】选项卡，设置如图 3.52 所示的参数，然后点取标高点和标高方向，按 Enter 键确认。

图 3.52　总图标高标注操作

3.9.2 引注及索引

1. 箭头引注

【箭头引注】命令用于绘制带有箭头的引出标注,文字可位于线端,也可位于线上,引线可以转折多次,【箭头样式】下拉菜单中的【半箭头】在国家标准中表示坡度符号。

单击【符号标注】|【箭头引注】,弹出【箭头引注】对话框,如图3.53所示。在对话框中设置参数后,在绘图区中依次指定箭头起点,引注直线的各折点和终点,按 Enter 键即可创建一个箭头引注。(命令:TArrow)

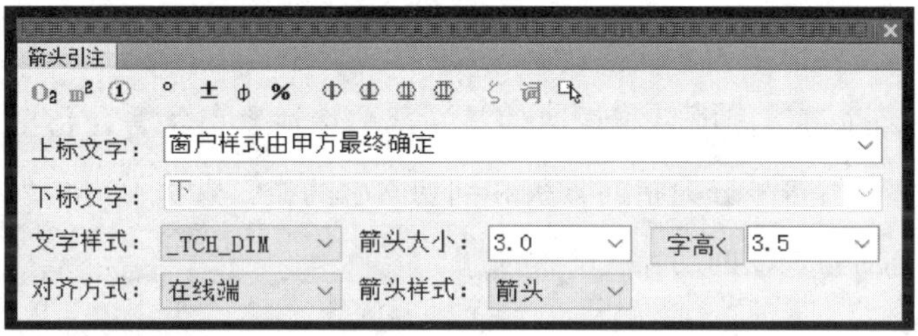

图 3.53 【箭头引注】对话框

2. 引出标注

【引出标注】命令用于对多个标注点进行说明性的文字标注,可以自动按端点对齐文字,具有拖动自动跟随的特性。

单击【符号标注】|【引出标注】,弹出【引出标注】对话框,如图3.54所示。在对话框中设置参数,然后在绘图区中指定标注第一点、引线位置、文字基线位置、其他的标注点,按 Enter 键结束,完成一个引出标注的创建。(命令:TLeader)

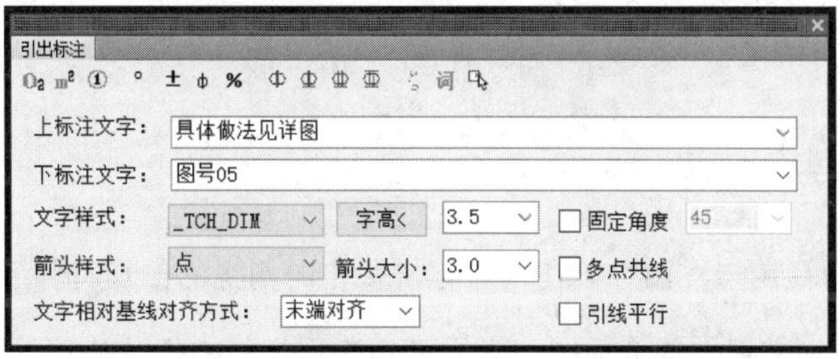

图 3.54 【引出标注】对话框

3. 做法标注

【做法标注】命令用于在施工图上标注工程的材料做法,通过专业词库可调入北方地区常用的《19BJ1-1 工程做法》中的墙面、地面、楼面、顶棚和屋面标准做法。

单击【符号标注】|【做法标注】,在弹出的【做法标注】对话框中输入标注文字和文字参数,然后在绘图区中指定标注第一点、文字基线位置、文字基线方向和长度,即可完成一个做法标注的创建。【做法标注】操作和标注示意如图 3.55 所示。(命令:TComposing)

图 3.55 【做法标注】操作和标注示意

4. 索引符号

【索引符号】命令可为图中另有详图的某一部分标注索引符号,指出表示这些部分的详图在哪张图上。索引符号分为指向索引和剖切索引两类,索引符号的对象编辑提供了增加索引符号与改变剖切长度的功能。

(1) 指向索引

单击【符号标注】|【索引符号】,在弹出的【索引符号】对话框中选中【指向索引】单选框,并设置索引编号(详图序号)、索引图号(详图所在的图样编号)和上下标文字,然后在绘图区中分别指定索引节点的位置、索引节点的范围、转折点位置、文字索引号位置,即可完成指向索引的创建。【指向索引】操作如图 3.56(a)所示。

(2) 剖切索引

单击【符号标注】|【索引符号】,在弹出的【索引符号】对话框中选中【剖切索引】单选框,并设置索引编号、索引图号和上下标文字,然后在绘图区中分别指定索引节点的位置、转折点位置、文字索引号位置、剖视方向,即可完成剖切索引的创建。【剖切索引】操作如图 3.56(b)所示。(命令:TIndexPtr)

3.9.3 剖切符号

【剖切符号】命令用于在图中标注国家标准规定的剖视的剖切符号和断面的剖切符号,用于定义编号的剖面图,表示剖切断面上的构件及从该处沿视线方向可见的建筑部件,在生成的剖面中要依赖此符号定义剖面方向。

符号标注及标高标注

单击【符号标注】|【剖切符号】,弹出【剖切符号】对话框,如图 3.57 所示。对话框中提供了 4 种剖面剖切方式,分别为【正交剖切】【正交转折剖切】【非正交转折剖切】【断面剖切】。(命令:TSection)

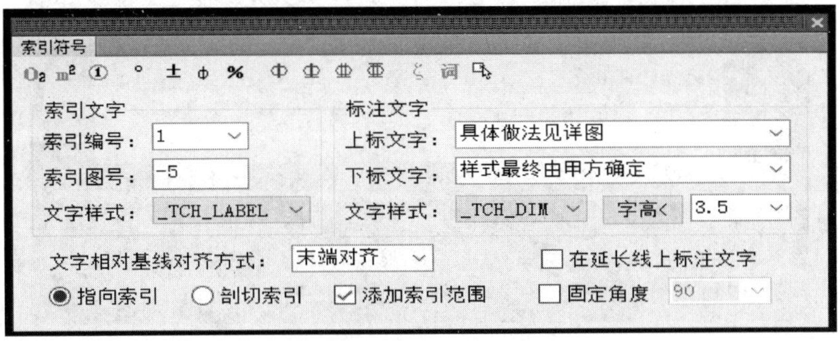

(a)【指向索引】操作

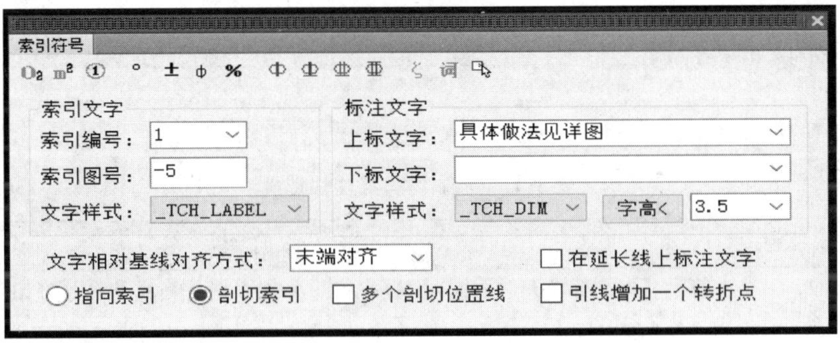

(b)【剖切索引】操作

图 3.56 【索引符号】操作

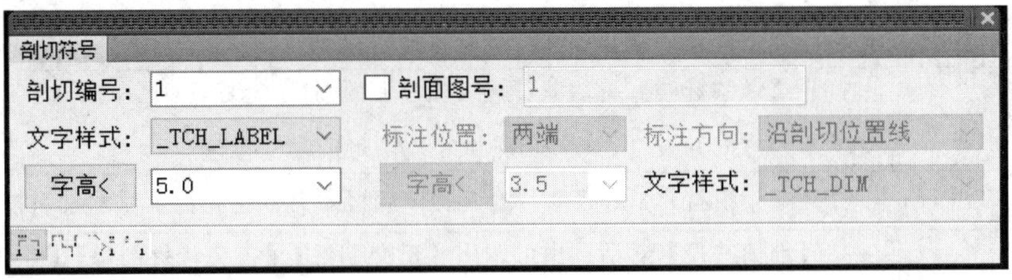

图 3.57 【剖切符号】对话框

3.9.4 图名标注

【图名标注】命令用于在所绘图形下方标注该图的图名和比例，比例变化时会自动调整其中文字的大小。

单击【符号标注】|【图名标注】，在弹出的【图名标注】对话框中设置参数，然后在绘图区中指定图名标注的插入位置即可。【图名标注】操作及示意如图 3.58 所示。（命令：TDrawingName）

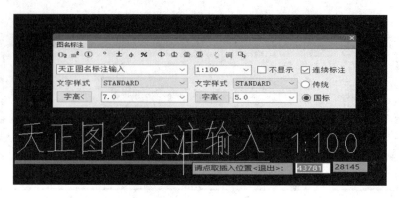

图 3.58 【图名标注】操作及示意

特别提示

T20 天正建筑绘制符号标注快捷键见表 3.11。

表 3.11 绘制符号标注快捷键

菜单命令	快捷键	命令说明
标高标注	BGBZ	打开【标高标注】对话框,调整参数后分别点取标高点和标高方向,完成对象的标高标注
箭头引注	JTYZ	打开【箭头引注】对话框,输入文字后分别点取箭头的起点、引注直线的各折点和终点来完成箭头引注
引出标注	YCBZ	打开【引出标注】对话框,输入文字后分别指定标注第一点、引线位置、文字基线位置、其他的标注点来完成图形的引出标注
做法标注	ZFBZ	打开【做法标注】对话框,输入文字后分别指定标注第一点、文字基线位置、文字基线方向和长度,按 Enter 键完成图形的做法标注
索引符号	SYFH	打开【索引符号】对话框,输入文字后根据命令行的提示添加索引符号
剖切符号	PQFH	在【剖切符号】对话框中可调用【正交剖切】【正交转折剖切】【非正交转折剖切】【断面剖切】4 种剖面剖切方式
图名标注	TMBZ	打开【图名标注】对话框,输入文字后,点取插入位置完成操作

T20 天正建筑常用符号的形状和尺寸见表 3.12。

表 3.12 常用符号的形状和尺寸

名 称	形 状	粗 细	出图后的尺寸	出图前的尺寸
定位轴线编号圆圈	Ⓐ	细实线	圆的直径:8mm	圆的直径:8mm×比例
			详图上圆的直径:10mm	详图上圆的直径:10mm×比例

续表

名　称	形　状	粗　细	出图后的尺寸	出图前的尺寸
标高		细实线	A：3mm	A：3mm×比例
			B：15mm	B：15mm×比例
指北针		细实线	圆的直径：24mm	圆的直径：24mm×比例
			A：3mm	A：3mm×比例
剖切符号		剖切位置线为粗实线	剖切位置线长度：6~10mm 剖切位置线宽度：可为0.5mm	剖切位置线长度：(6~10)mm×比例 剖切位置线宽度：可设定为0.5mm×比例
		剖视方向线为粗实线	剖视方向线长度：4~6mm 剖视方向线宽度：可为0.5mm	剖视方向线长度：(4~6)mm×比例 剖视方向线宽度：可设定为0.5mm×比例

3.10 图层控制

3.10.1 打开/关闭图层

图层控制

打开/关闭图层：单击图层名称后的 按钮，灯图形暗灭，则所选图层为打开状态；灯图形暗灭，所选图层为关闭状态。当图层上的图形对象较多而可能干扰绘图过程时，可以利用打开/关闭图层功能暂时关闭某些图层。关闭的图层与图形一起重生成，但不能在绘图窗口中显示或打印。

3.10.2 冻结/解冻图层

冻结/解冻图层：单击【冻结】栏下的 按钮，按钮显示为 时，表明所选图层为冻结状态，反之则为解冻状态。冻结图层有利于减少系统重生成图形的时间，冻结图层不参与重生成计算，而且不显示在绘图区中，不能对其进行编辑。

3.10.3 锁定/解锁图层

锁定/解锁图层：单击【锁定】栏下的按钮，按钮显示为时，表明所选图层为锁定状态，反之则为解锁状态。图层被锁定后，该图层的实体仍然显示在屏幕上，而且可以在该图层上添加新的图形对象，但不能对其进行编辑、选择和删除等操作。

3.10.4 图层恢复

图层恢复用于恢复被锁定或冻结的图层。

 特别提示

T20 天正建筑图层控制快捷键见表 3.13。

表 3.13 图层控制快捷键

菜单命令	快捷键	命令说明
关闭图层	GBTC	关闭选择对象所在的图层
关闭其他	GBQT	关闭除了所选图层以外的所有图层
打开图层	DKTC	打开已经关闭的图层
图层全开	TCQK	全部打开已经关闭的图层
冻结图层	DJTC	冻结选择对象所在的图层
解冻图层	JDTC	解冻所选择的图层
锁定图层	SDTC	锁定选择对象所在的图层
解锁图层	JSTC	解锁选择对象所在的图层
图层恢复	TCHF	恢复在执行图层工具前所保存的图层记录

3.11 文件布图

3.11.1 工程管理

T20 天正建筑引入的工程管理工具是属于一个工程下的图纸（图形文件）工具。单击【文

件布图】|【工程管理】菜单命令，打开【工程管理】对话框。（命令：TProjectManager）

单击【工程管理】选项栏右侧的下拉按钮，可以打开【工程管理】菜单，其中包括【新建工程】【打开工程】【导入楼层表】【导出楼层表】【最近工程】【保存工程】【关闭工程】7个选项卡，用户可以对其进行相应的操作。

【工程管理】选项栏下方有【图纸】【楼层】【属性】3个选项栏，接下来对这3个选项栏分别进行介绍。

① 【图纸】选项栏：该选项栏显示了当前工程的所有图样，预设有平面图和立面图等多种图形类别，在任一个图样类别上右击弹出快捷菜单，选择相应的选项，即可对其进行相应的操作。

② 【楼层】选项栏：用于控制同一工程中的各个标准层平面图，允许不同的标准层存放于一个图形文件中，通过单击【在当前图中框选楼层范围】按钮，框选标准层的区域范围。在【层号】选项栏中输入参数，"起始层号-结束层号"定义为一个标准层，并输入层高，双击左侧的空白框按钮，可以随时在本图预览框中查看所选择的楼层范围；对不在本图的标准层，单击空白文件名右侧的按钮，在弹出的【选择标准层图形文件】对话框中选择图形文件。

③ 【属性】选项栏：用于显示当前工程的属性。

3.11.2 图形导出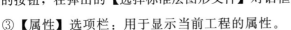

单击【文件】|【打印】菜单命令，在弹出的【打印-模型】对话框中单击【预览】按钮，在绘图区中观察预览效果，如果合适则单击【确定】按钮，即可进行打印。打印图形的具体操作步骤和效果如图3.59～图3.62所示。（快捷键：Ctrl+P）

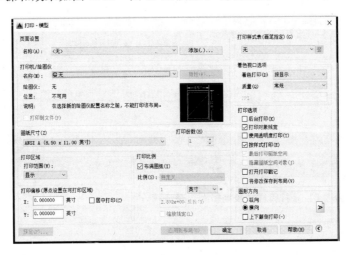

图3.59 【打印-模型】对话框1

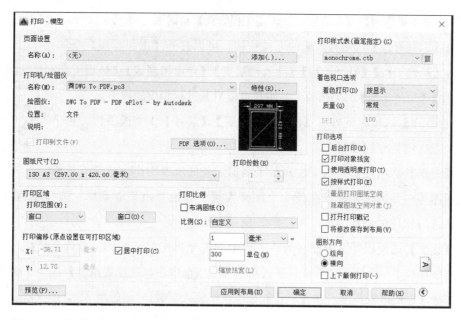

图 3.60 【打印-模型】对话框 2

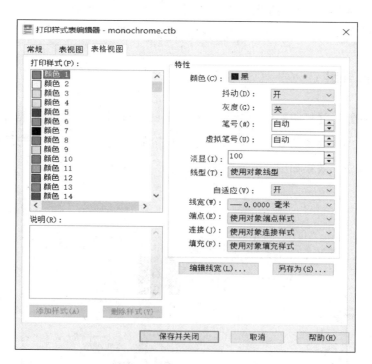

图 3.61 【打印样式表编辑器】对话框

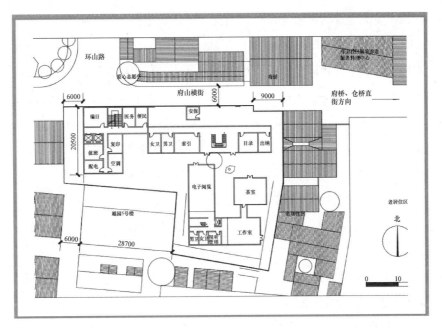

图 3.62 打印成图

模块小结

本模块通过对 T20 天正建筑常用工具的介绍，来讲述常用工具的绘图命令与操作。通过本模块的学习，可以全面认识 T20 天正建筑的绘图优势，初步了解 T20 天正建筑的各工具操作基础。

T20 天正建筑为建筑师的绘图提供了许多强大且细致的功能，本模块也只是简略地介绍了一些操作基础命令，在实际绘图中，用户在熟练运用各工具的同时可进行进一步探索。同时，软件工具与命令的学习切不可单单死记各命令步骤，用户应对各工具进行全面理解，在熟练运用各工具、掌握各工具操作的基础上，可按照自身习惯形成自己的工作流，将最终需要实现的绘图目的转化为一条甚至几条由多个工具对应形成的逻辑关系路径，择其最佳进行运用。

习题

一、选择题

(1) 在 T20 天正建筑软件的选项中，当前层高默认值是（   ）。

A. 2800mm　　　　B. 3000mm　　　　C. 3600mm　　　　D. 3300mm

(2) 在 T20 天正建筑软件的选项中，当前比例默认值是（　　）。

A. 1∶200　　　　　B. 1∶100　　　　　C. 1∶50　　　　　D. 1∶1

(3) 用 T20 天正建筑软件绘图时，可以通过（　　）快捷键调出用户需要的工具栏。

A. Alt－　　　　　B. Ctrl－　　　　　C. Alt＋　　　　　D. Ctrl＋

(4) 在 T20 天正建筑软件命令行输入说法正确的是（　　）。

A. 圈梁是"QL"　　　　　　　　　　B. 雨篷是"YP"

C. 构造柱是"GZZ"　　　　　　　　 D. 女儿墙是"LRQ"

(5) 以下不是天正尺寸标注的组成部分的是（　　）。

A. 箭头　　　　　B. 尺寸线　　　　　C. 尺寸界线　　　　　D. 尺寸起止符

二、简答题

(1) 如何打开或保存文件？

(2) 文档标签的作用是什么？

(3) 试述进深的含义。

(4) 绘制轴网的方法有哪些？

(5) 利用【任意坡顶】命令，为已经绘制好的建筑户型平面图创建出屋顶平面，并布好雨水管。

上 机 实 训

上机实训一：绘制轴网并对其进行标注

【实训目的】

练习使用【绘制轴网】【轴网标注】命令绘制直线轴网。

【实训内容】

用【绘制轴网】命令绘制出如图 3.63 所示的直线轴网，并对其进行标注（开间：3600，3600，3600，2400，3600；进深：900，3000，1500，1500）。

上机实训二：插入门窗

【实训目的】

练习使用【绘制轴网】【轴网标注】【绘制墙体】【门窗】命令绘制平面图。

【实训内容】

利用门窗插入的各种方式插入门窗，绘制出如图 3.64 所示的平面图，并对已绘制出的门窗进行左、右、内、外翻转和对象编辑等操作。

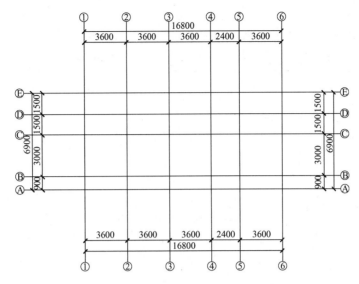

图 3.63 直线轴网

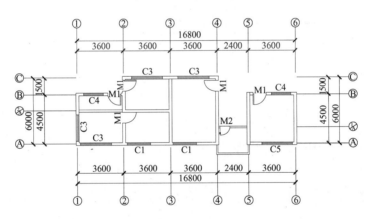

图 3.64 插入门窗后的平面图

上机实训三：门窗表

【实训目的】

练习使用【门窗表】命令制作门窗表。

【实训内容】

根据已绘制出的平面图的门窗，绘制门窗表，如图 3.65 所示。

上机实训四：绘制卫生间平面图

【实训目的】

练习使用【房间布置】【尺寸标注】命令绘制卫生间平面图。

【实训内容】

绘制如图 3.66 所示的建筑卫生间平面图。

类型	设计编号	洞口尺寸/mm	数量	图集名称	页次	选用型号	备注
普通门	M1	1000×2100	6				
	M2	800×2100	1				
普通窗	C1	1500×1800	2				
	C2	1700×1200	1				
	C3	1500×1500	4				
	C4	1500×1500	2				

门窗表

图 3.65 门窗表

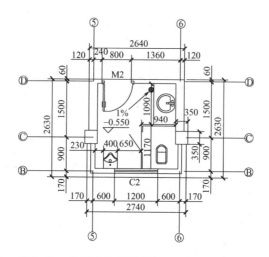

图 3.66 建筑卫生间平面图

上机实训五：绘制雨篷节点详图

【实训目的】

练习使用【逐点标注】【箭头引注】【引出标注】命令绘制雨篷节点详图。

【实训内容】

绘制如图 3.67 所示的雨篷节点详图。

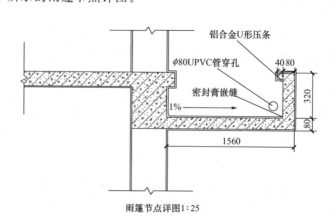

图 3.67 雨篷节点详图

模块 4

天正建筑绘制小别墅设计图

教学目标

主要讲述使用天正建筑绘制小别墅平面图、立面图和剖面图的方法和步骤。通过本模块的学习,应达到以下目标。

(1) 掌握天正建筑绘制小别墅轴网、墙体、门窗洞口、楼梯、台阶、柱子的方法。
(2) 掌握天正建筑添加标高、文字等的方法。
(3) 学习天正建筑生成小别墅立面图的方法。
(4) 学习天正建筑生成小别墅剖面图的方法。

思维导图

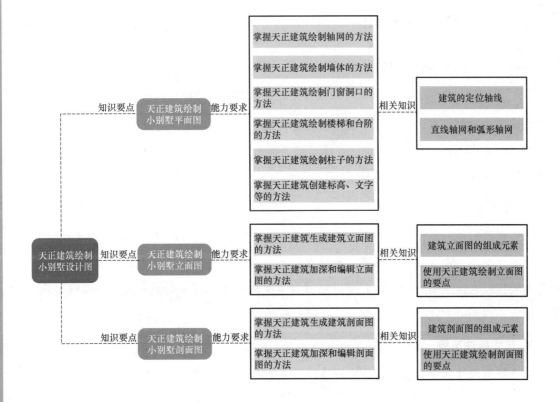

基本概念

轴网；墙体；门窗洞口；楼梯；台阶；柱子。

引例

天正建筑是在 AutoCAD 平台上二次开发的软件，主要用于建筑设计领域。使用其完成小别墅平面图、立面图和剖面图的绘制比使用 AutoCAD 更快速、高效，且能兼顾三维快速建模功能。

4.1 天正建筑绘制小别墅平面图

天正建筑软件绘制小别墅图纸

我们仍然用模块 2 的小别墅为绘制对象，使用天正建筑作为辅助设计工具完成小别墅设计图的绘制工作。

4.1.1 轴网概述

1. 轴线系统

轴线系统是由众多轴线构成的。由于轴线的操作灵活多变，为了在操作中不造成各种限制，在天正建筑中轴线系统没有做成自定义对象，而是把位于【轴线】图层上的 AutoCAD 的基本图形对象（直线、圆、圆弧）识别为轴线对象，以便于修改轴线对象。天正建筑默认的轴线图层是【DOTE】。

2. 轴号系统

天正建筑的轴号是按照《房屋建筑制图统一标准》(GB/T 50001—2017) 的规范编制的、带有比例的自定义对象。轴号一般是在轴线两端成对出现的，也可以只在一端使用。轴号对象预设有用于编辑的夹点，可以通过对象编辑单独控制个别轴号或某一端的显示，轴号的大小与编号方式必须符合现行制图规范的要求。

3. 尺寸标注系统

天正建筑尺寸标注系统由【轴网标注】命令生成，尺寸标注伴随轴号标注进行，不再需要单独进行尺寸标注。

天正建筑尺寸标注系统由自定义设置的多个尺寸标注对象组成,【轴网标注】是在标注轴线时软件自动生成【AXIS】图层,除了图层外,与其他命令的尺寸标注没有区别。

 特别提示

轴网是由两组到多组轴线与轴号、尺寸标注组成的平面网格,是建筑单体平面布置和墙柱构件定位的依据。一个完整的轴网由轴线、轴号和尺寸标注三个相对独立的系统构成。

4.1.2 创建轴网

1. 绘制直线轴网

选择【轴网柱子】|【绘制轴网】命令,打开【绘制轴网】对话框,在其中选择【直线轴网】选项卡,输入上下开间距离和左右进深距离,如图4.1~图4.4所示。

图 4.1 【上开】参数设置

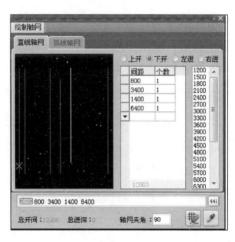

图 4.2 【下开】参数设置

【绘制轴网】对话框中各个参数含义如下。

① 上开:在轴网上方进行轴网标注的房间开间尺寸。

② 下开:在轴网下方进行轴网标注的房间开间尺寸。

③ 左进:在轴网左侧进行轴网标注的房间进深尺寸。

④ 右进:在轴网右侧进行轴网标注的房间进深尺寸。

⑤ 间距:开间或进深的尺寸数据,用空格或英文逗号隔开。

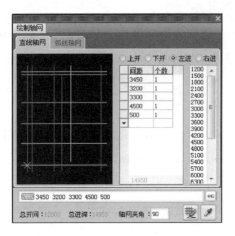 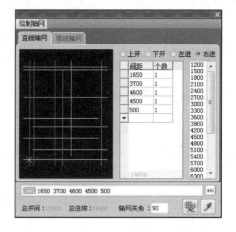

图 4.3 【左进】参数设置　　　　　　图 4.4 【右进】参数设置

⑥ 个数：栏中数据的重复次数，可以单击右方数据栏或从下拉列表中获得，也可以直接输入数据。

⑦ 键入：输入一组尺寸数值，用空格或英文逗号隔开。

⑧ 轴网夹角：输入开间与进深轴线之间的夹角数据，默认夹角为 90°的正交轴网。

⑨ 清空：把某一组开间或某一组进深数据清空，保留其他组的数据。

⑩ 总开间：显示出本次输入轴网总开间的尺寸数据。

⑪ 总进深：显示出本次输入轴网总进深的尺寸数据。

⑫ 删除轴网：单击需要删除的轴线进行删除。

⑬ 拾取轴网参数：选择表示轴网尺寸的标注，可以拾取出所选择的轴网尺寸的参数。

在【绘制轴网】对话框中输入了所有尺寸数据后，命令行提示如图 4.5 所示，此时可拖动基点插入轴网，直接点取轴网目标位置或按选项提示操作，然后在空白处单击即可完成直线轴网的创建。

图 4.5 【绘制轴网】命令行提示

2. 轴网标注

选择【轴网柱子】|【轴网标注】命令，打开【轴网标注】对话框，如图 4.6 所示。按照命令行提示先后选择开间方向的起始轴线，得到开间方向的尺寸标注，如图 4.7 所示。按照命令行提示先后选择进深方向的起始轴线，得到进深方向的尺寸标注，完成轴网

标注。图 4.8 所示为小别墅直线轴网图。

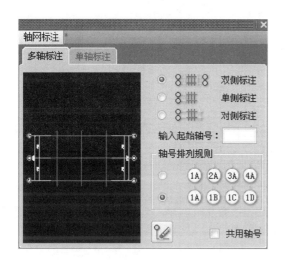

图 4.6 【轴网标注】对话框

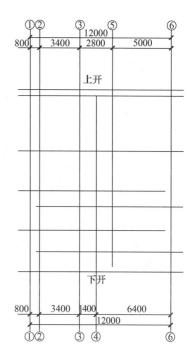

图 4.7 开间方向的尺寸标注

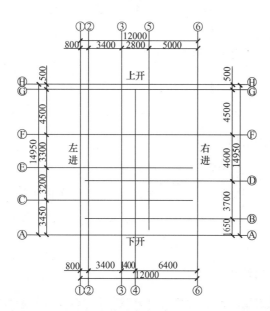

图 4.8 小别墅直线轴网图

3. 添加轴线

选择【轴网柱子】|【添加轴线】命令,按照命令栏提示在⑥号轴线左边距离

600mm 处添加一条附加轴线，在⑥号轴线左边距离 3000mm 处再添加一条附加轴线，在③号轴线左边距离 1500mm 处添加另一条附加轴线。得到的最终轴线图如图 4.9 所示。

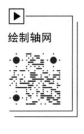
绘制轴网

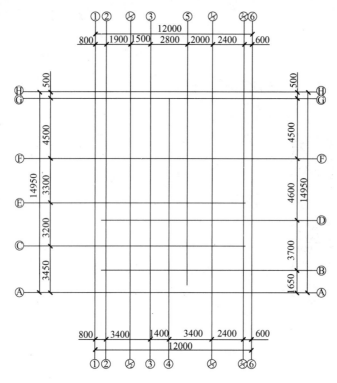

图 4.9　最终轴网图

4.1.3　绘制墙体

1. 绘制 300mm 厚的墙体

选择【墙体】|【绘制墙体】命令，打开【墙体/玻璃幕】对话框，在其中按图 4.10 所示设置各项参数，按照平面图 300mm 厚墙体的位置绘制墙体。其中③号轴线和⑤号轴线之间的墙体为玻璃幕墙，在对话框中选择【玻璃幕】，然后进行绘制，各项参数设置如图 4.11 所示。

2. 绘制 200mm 厚的墙体

选择【墙体】|【绘制墙体】命令，打开【墙体/玻璃幕】对话框，在其中按图 4.12 所示设置各项参数，按照平面图 200mm 厚墙体的位置绘制墙体。墙体绘制完毕后的一层平面图如图 4.13 所示。

图4.10　300mm厚墙体参数设置

图4.11　300mm厚墙体（玻璃幕）参数设置

图4.12　200mm厚墙体参数设置

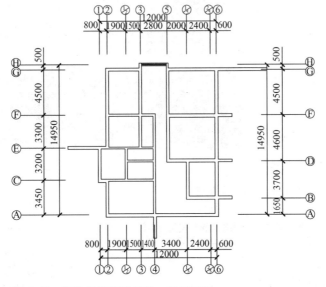
图4.13　墙体绘制完毕后的一层平面图

特别提示

墙体对象不仅包含位置、高度、厚度这样的几何信息，还包含墙体类型、材料、内外墙这样的内在属性。

4.1.4 插入门窗洞口

1. 插入窗户

选择【门窗】|【门窗】命令,单击【插窗】按钮,插入编号为 C-1 的窗户,双击窗户立面图示将窗户的立面造型改成【三扇窗】,如图 4.14 所示;设置窗宽为 2400mm,窗台高为 800mm,窗高为 1650mm,垛宽距离为 400mm,C-1 窗的各项参数设置如图 4.15 所示。

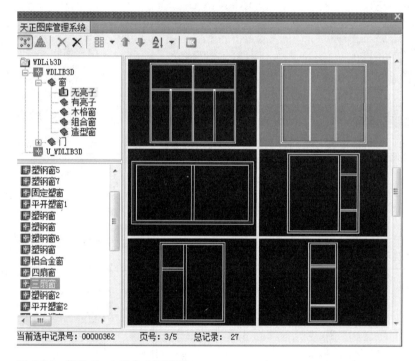

图 4.14 修改 C-1 窗户立面造型

图 4.15 C-1 窗的各项参数设置

按照同样的方法,完成其他窗户的插入,其中 C-2 的窗宽为 2400mm,窗台高为 800mm,窗高为 1650mm,垛宽距离为 200mm;C-3 窗的窗宽为 900mm,窗台高为 800mm,窗高为 1650mm,垛宽距离为 450mm;C-4 窗的窗宽为 1200mm,窗台高为

800mm，窗高为 1650mm，垛宽距离为 300mm；C-5 窗的窗宽为 2100mm，窗台高为 800mm，窗高为 1650mm，垛宽距离为 300mm；C-6 窗的窗宽为 3600mm，窗台高为 800mm，窗高为 1650mm，垛宽距离为 300mm；C-7 窗的窗宽为 3800mm，窗台高为 800mm，窗高为 1650mm，垛宽距离为 300mm。另外，在⑤号和⑥号轴线间的窗户为两层窗，其窗宽为 1000mm，窗台高为 0mm，窗高为 3000mm。插完窗户后的一层平面图如图 4.16 所示。

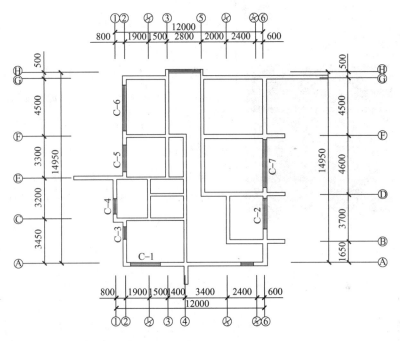

图 4.16　插完窗户后的一层平面图

特别提示

二维视图和三维视图都用图块来表示，可以从门窗图库中分别挑选门窗的二维形式和三维形式，其合理性由用户掌握。

2. 插入门

选择【门窗】|【门窗】命令，单击【插门】按钮，插入编号为 M-1 的门，设置门宽为 1000mm，门槛高为 0mm，门高为 2100mm，垛宽距离为 200mm，M-1 门的各项参数设置如图 4.17 所示。

图 4.17 M-1 门的各项参数设置

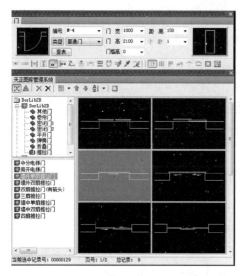

图 4.18 修改 M-4 门开启方式

按照同样的方法，完成其他门的插入，其中 M-2 门的门宽为 900mm，门槛高为 0mm，门高为 2100mm，垛宽距离为 0mm；M-3 门的门宽为 700mm，门槛高为 0mm，门高为 2100mm，垛宽距离为 0mm；M-4 门的门宽为 1000mm，门槛高为 0mm，门高为 2100mm，垛宽距离为 150mm，双击 M-4 门平面图示将门从平开门改为墙外单扇推拉门，如图 4.18 所示；M-5 门的门宽为 1200mm，门槛高为 0mm，门高为 2100mm，居中插入，双击 M-5 门平面图示将门从推拉门改为双扇平开门，双击 M-5 门立面图示将门从单扇门改为双扇门。插完门后的一层平面图如图 4.19 所示。

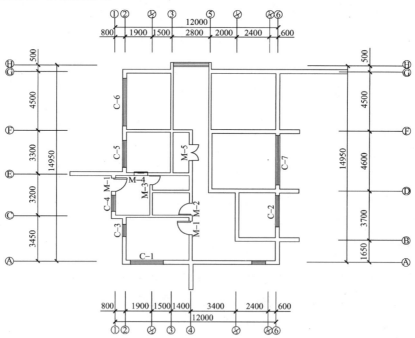

图 4.19 插完门后的一层平面图

选择【门窗】|【门窗工具】|【门口线】命令，打开【门口线】对话框，如图4.20所示。单击M-1（H—A轴方向）、M-2、M-3和M-4门为其加门口线，加完门口线后的一层平面图如图4.21所示。

图4.20 【门口线】对话框

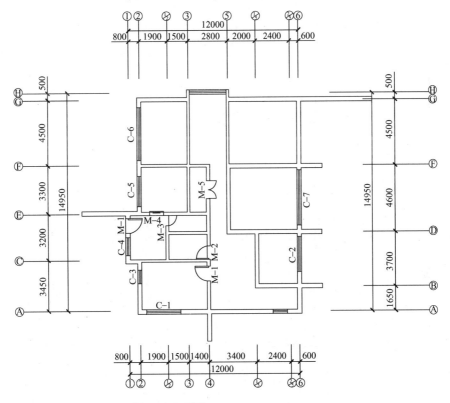

图4.21 加完门口线后的一层平面图

3. 插入洞口

选择【门窗】|【门窗】命令，单击【插洞】按钮，在②号和③号轴线之间位于Ⓕ号轴线部分的墙体上插入洞口，各项参数设置如图4.22所示；在Ⓕ和Ⓖ号轴线之间位于③号轴线部分的墙体上插入洞口，洞宽1200mm，垛宽距离为300mm；在Ⓕ和Ⓖ号轴线之间位于⑤号轴线部分的墙体上插入洞口，洞宽1310mm，垛宽距离为0mm；在⑤号和⑥号轴线之间位于Ⓑ号轴线部分的墙体上插入洞口，洞宽1000mm，垛宽距离为750mm；在⑤号和⑥号

轴线之间位于Ⓓ号轴线部分的墙体上插入洞口，洞宽1000mm，垛宽距离为750mm；在⑥号轴线外位于Ⓖ号轴线部分的墙体上插入洞口，洞宽1000mm，垛宽距离为450mm。

图4.22 洞口各项参数设置

选择【门窗】|【门窗工具】|【门口线】命令，打开【门口线】对话框，单击需要添加门口线的洞口为其加门口线。插完洞口后的一层平面图如图4.23所示。

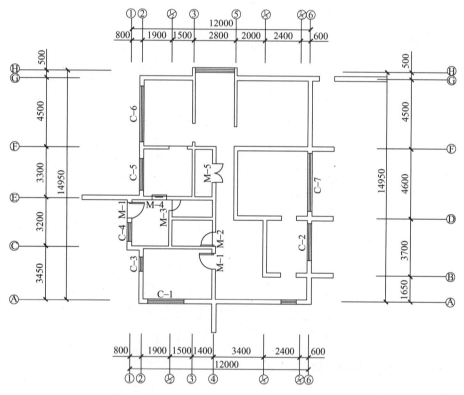

图4.23 插完洞口后的一层平面图

4. 插入门联窗

选择【门窗】|【门窗】命令，单击【插窗】按钮，在④号轴线和⑥号轴线之间位于Ⓐ号轴线部分的墙体上插入宽度为450mm的窗，垛宽距离为800mm，窗台高为800mm，窗户高为1650mm；单击【插门】按钮，在刚刚插入的窗户旁边插入宽度为1200mm的双扇平开门，门高为2100mm；单击【插窗】按钮，在刚刚插入的门旁边插入同样的450mm的窗。

选取刚刚插入的门和窗，右击选择【组合门窗】选项，输入组合门窗编号 MC-1，将门窗进行组合，得到 MC-1 门联窗，如图 4.24 所示。使用同样的方法插入 MC-2 门联窗，插入门联窗后的一层平面图如图 4.25 所示。

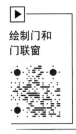

绘制门和门联窗

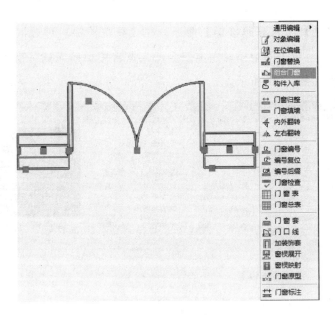

图 4.24　MC-1 门联窗

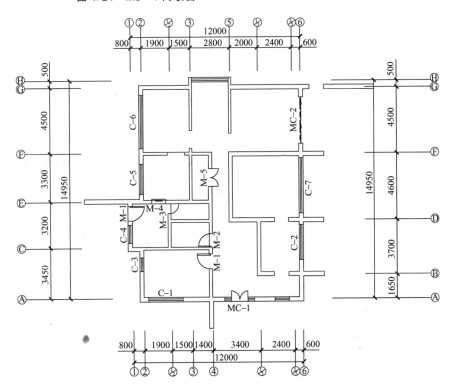

图 4.25　插入门联窗后的一层平面图

4.1.5 绘制楼梯和台阶

1. 绘制楼梯

选择【楼梯其他】|【双跑楼梯】命令,在【双跑楼梯】对话框中进行楼梯参数设置,如图 4.26 所示。单击图中楼梯左上部分插入点将楼梯插入到一层平面图中,插入楼梯后的一层平面图如图 4.27 所示。

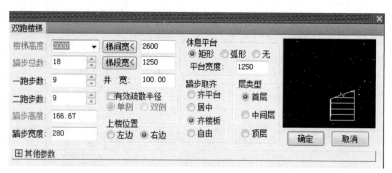

图 4.26 楼梯参数设置

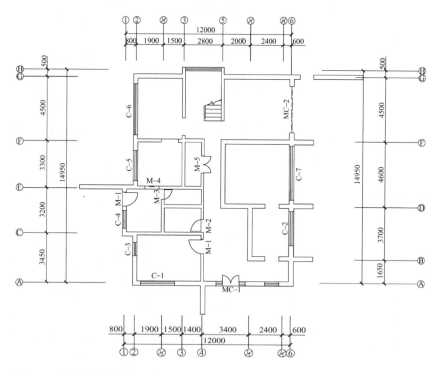

图 4.27 插入楼梯后的一层平面图

> **特别提示**
>
> 天正建筑提供了由自定义对象建立的基本梯段对象,包括直线、圆弧与任意梯段,并由梯段组成常用的双跑楼梯和多跑楼梯,还考虑了楼梯对象在二维和三维视口下的不同可视特性。

2. 绘制台阶

将CAD图中的①~⑥轴立面处的台阶轮廓复制到图中,应用【多段线】命令(PLINE),将台阶平台轮廓重新描摹一遍;选择【楼梯其他】|【台阶】命令,在打开的【台阶】对话框中设置台阶参数,如图4.28所示。选择已有路径绘制,按照命令栏提示先选择平台轮廓,而后选择没有踏步的边,完成台阶的绘制。接着完成台阶旁边矮墙的绘制,如图4.29所示。最后将从CAD图中复制过来的台阶轮廓删除。用同样的方法分别绘制Ⓐ~Ⓗ轴和Ⓗ~Ⓐ轴立面处的台阶。绘制台阶后的一层平面图如图4.30所示。

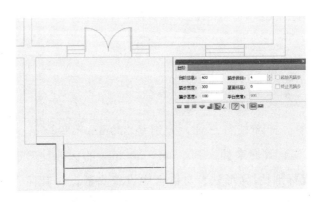

图4.28 台阶参数设置

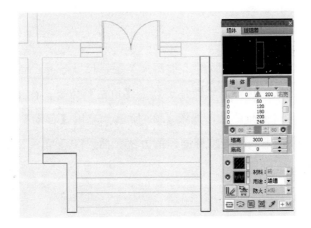

图4.29 绘制矮墙

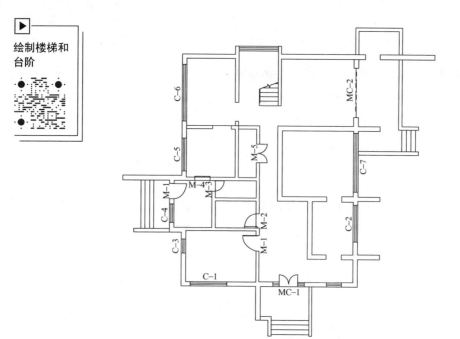

图 4.30　绘制台阶后的一层平面图

4.1.6　插入柱子

1. 插入标准柱

对照 CAD 平面图，标准柱有三种，分别是 300mm×300mm、400mm×300mm 和 400mm×400mm。首先，我们来插入 300mm×300mm 的标准柱。选择【轴网柱子】|【标准柱】命令，在【标准柱/异形柱】对话框中设置参数，将其插入到平面图对应位置上，如图 4.31 所示。接着按照同样的方法，分别插入 400mm×300mm 和 400mm×400mm 的标准柱。

2. 插入角柱

对照 CAD 平面图，角柱有 L 形和 T 形两大类型，尺寸各异。首先插入②号轴线和⑥号轴线交叉处的 L 形角柱。选择【轴网柱子】|【角柱】命令，在【转角柱参数】对话框中设置参数，将其插入到平面图上，如图 4.32 所示。应用【移动】命令（MOVE）将其移动到平面图对应的位置上。接着按照同样的方法，插入 T 形角柱。插入柱子后的一层平面图如图 4.33 所示。

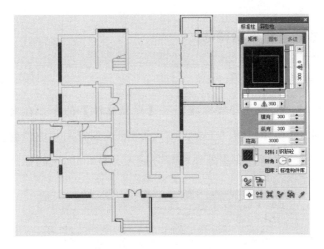

图 4.31 插入 300mm×300mm 的标准柱

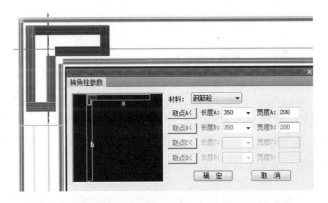

图 4.32 插入②号轴线和⑥号轴线交叉处的 L 形角柱

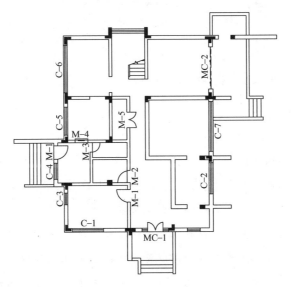

绘制柱子

图 4.33 插入柱子后的一层平面图

4.1.7 插入标高符号和剖切符号

1. 插入标高符号

对照CAD平面图,选择【符号标注】|【标高标注】命令,在【标高标注】对话框中设置参数,如图4.34所示,将"±0.000"标高插入到室内相应位置。接着在台阶平台部分插入"-0.200"的标高,在室外地坪部分插入"-0.600"的标高。

图4.34 标高参数设置

2. 插入剖切符号

对照CAD平面图,选择【符号标注】|【剖切符号】命令,在【剖切符号】对话框中设置参数,如图4.35所示,将1—1剖切符号插入到平面图相应位置上。

插入标高符号和剖切符号后的一层平面图如图4.36所示。

图4.35 剖切符号参数设置

特别提示

按照《房屋建筑制图统一标准》(GB/T 50001—2017)规定的工程符号画法,天正建筑提供了一整套自定义的工程符号对象,使用这些工程符号对象可以方便地绘制剖切符号、指北针、箭头引注、各种详图符号和引出标注符号。使用自定义工程符号对象不仅可以简单地插入符号图块,而且可以在插入符号的过程中通过对话框调节符号参数,还可以根据绘图的不同要求,在图上已插入的工程符号上拖动夹点或者按住"Ctrl+1"组合键启动对象特性栏,在其中更改工程符号的特性。双击符号中的文字,启动在位编辑功能,更改文字内容。天正建筑的工程符号对象可以随着图形指定范围的绘图比例的改变,对符号

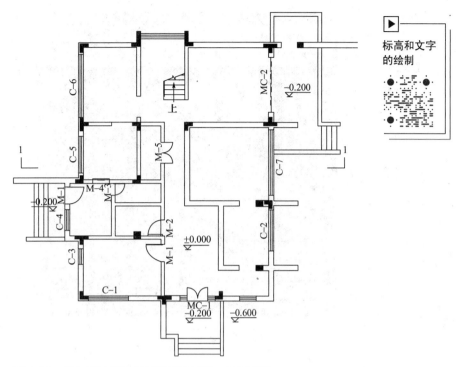

图 4.36 插入标高符号和剖切符号后的一层平面图

大小、文字字高等参数进行适应性调整,使其满足规范的要求。剖切符号除了可以满足施工图的标注要求外,其位置的剖面还可以满足与平面图相对应的规则。

4.1.8 添加地板和文字

1. 添加地板

选择【房间屋顶】|【搜索房间】命令,在【搜索房间】对话框中设置参数,如图 4.37 所示,按照命令栏提示选择整个一层平面的所有墙体(或门窗)。添加地板后的一层平面图如图 4.38 所示。

 特别提示

【搜索房间】命令可以用来批量搜索、建立或更新已有的普通房间和建筑轮廓,建立房间信息并标注室内使用面积,标注位置自动置于房间的中心。如果用户编辑墙体时改变了房间边界,则房间信息不会自动更新,可以通过再次执行该命令信息或拖动边界夹点与当前边界保持一致,从而更新房间。

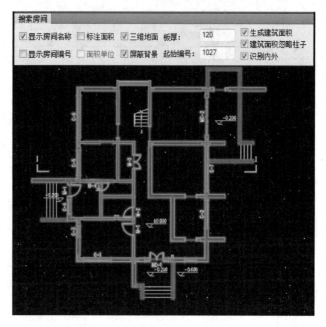

图 4.37 搜索房间参数设置

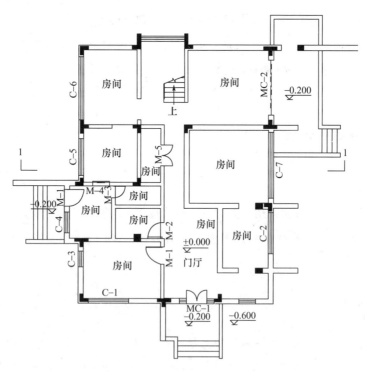

图 4.38 添加地板后的一层平面图

2. 添加文字

单击【房间】文本,右击选择【对象编辑】选项,在【编辑房间】对话框中的【已有编号/常用名称】中选取此房间的名称（例如 C-6 窗所在房间为餐厅），如图 4.39 所示。使用相同的方法对每个房间名称进行选择，如果常用名称中没有则需要手工录入。

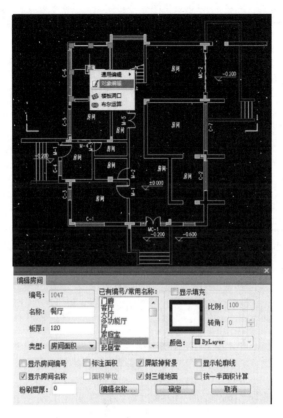

图 4.39　选择房间名称

4.1.9　添加指北针和图名

1. 添加指北针

选择【符号标注】|【画指北针】命令，根据命令行提示，在图上点取指北针位置，设置指北针方向，添加指北针。【画指北针】命令行操作及添加的指北针如图 4.40 所示。

2. 添加图名

选择【符号标注】|【图名标注】命令，在【图名标注】对话框中设置参数，如图 4.41 所示。根据命令行提示，在图上适当位置点取创建图名标注。

使用天正建筑绘制的小别墅一层平面图最终效果如图 4.42 所示。使用同样的方法绘制小别墅二层平面图。

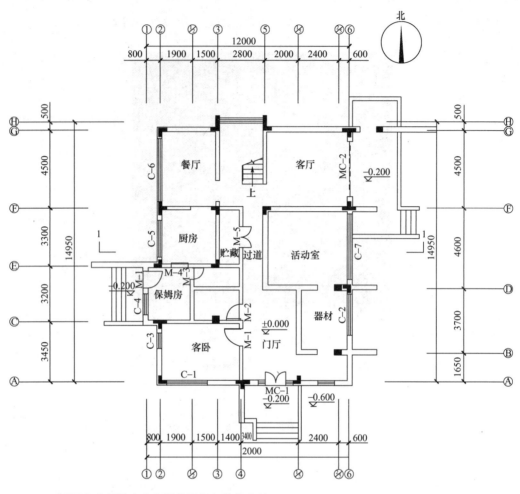

图 4.40 【画指北针】命令行操作及添加的指北针

绘制其他层平面图

图 4.41 图名标注参数设置

模块 4 | 天正建筑绘制小别墅设计图

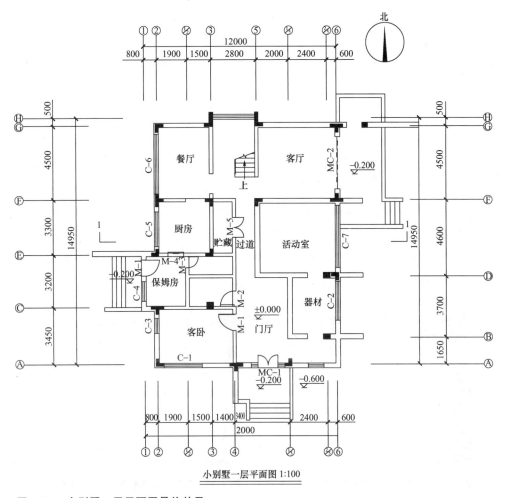

图 4.42 小别墅一层平面图最终效果

4.2 天正建筑绘制小别墅立面图

天正建筑立面图是通过项目工程多个平面图中的参数，建立三维模型后进行消隐而获得的二维图形，其中除了符号和尺寸标注对象及门窗图块是天正自定义对象外，其他图形都是由 AutoCAD 的基本对象组成的。

4.2.1 生成①~⑥轴立面图

1. 立面生成与【工程管理】的关系

在天正建筑中，立面生成由【工程管理】功能来实现。如果用户没有建立工程项目，启动【建筑立面】命令时，软件会弹出【AutoCAD】信息提示框，如图 4.43 所示。

图 4.43 【AutoCAD】信息提示框

单击【确定】按钮后，显示【工程管理】对话框，包括【工程管理】【图纸】【楼层】和【属性】四个选项，如图 4.44 所示。单击【工程管理】下拉列表，显示【工程管理】下拉菜单选项，如图 4.45 所示。选择【新建工程】命令，打开【另存为】对话框，如图 4.46 所示，用户可以按照提示新建一个工程项目。

图 4.44 【工程管理】对话框　　　　图 4.45 【工程管理】下拉菜单选项

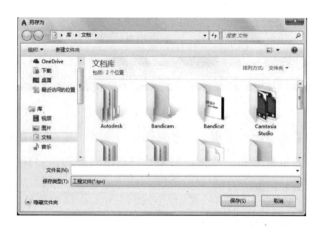

图 4.46 【另存为】对话框

用户通过【工程管理】对话框来定义平面图与楼层的关系时，T20 天正建筑支持两种楼层定义方式：一种是将每层平面图以独立的 dwg 文件放置在同一个文件夹中，并确定每一个楼层都有相同的对齐点，例如开间与进深轴线的第一条轴线交点都在原点（0，0），对齐点是 dwg 文件作为图块插入的基点；另一种是允许多个平面图绘制在同一个 dwg 文件中，然后在楼层的电子表格中分别为各自然层在 dwg 中指定标准层平面图，同时也允许部分标准层平面图通过其他 dwg 文件指定。

2. 由小别墅平面图生成①～⑥轴立面图

根据绘制好的小别墅一层平面图、二层平面图和屋顶平面图生成①～⑥轴立面图。

将上述 3 个平面图的【COLUMN】图层隐藏，分别建立在 3 个不同的 dwg 文件中，并分别命名为"一层""二层"和"屋顶"，且把Ⓐ号轴线和①号轴线的交点都定位在原点（0，0）上。

选择【文件布图】|【工程管理】命令，打开【工程管理】对话框。在其下拉列表中选择【新建工程】选项，打开【另存为】对话框，选定存储路径，单击【确定】按钮，即可新建小别墅①～⑥轴立面图的工程项目。

在【工程管理】对话框中，在【楼层】参数面板中将文件名为一层、二层和屋顶的 dwg 文件分别进行加载，参数设置如图 4.47 所示。此时在【图纸】选项栏内显示了该工程项目的所示图纸，如图 4.48 所示。

图 4.47　楼层参数设置

图 4.48　【图纸】选项栏

单击【楼层】参数面板下的【建筑立面】按钮，按命令行提示首先选择"F"命令生成正立面，而后分别选择出现在立面图上的①号轴线和⑥号轴线，最后按 Enter 键结束。【建筑立面】命令行操作如图 4.49 所示。

```
命令：TBudElev
请输入立面方向或 [正立面(F)/背立面(B)/左立面(L)/右立面(R)]<退出>: F
请选择要出现在立面图上的轴线:找到 1 个
请选择要出现在立面图上的轴线:找到 1 个，总计 2 个
请选择要出现在立面图上的轴线:
```

图 4.49　【建筑立面】命令行操作

此时系统打开【立面生成设置】对话框，如图 4.50 所示，在对话框中设置参数。

图 4.50 【立面生成设置】对话框

单击【生成立面】按钮，打开【输入要生成的文件】对话框，如图 4.51 所示。在该对话框中输入文件名"1-6 立面图"后，单击【保存】按钮，创建出 dwg 文件，并自动打开该文件，得到如图 4.52 所示的①～⑥轴立面图。

图 4.51 【输入要生成的文件】对话框

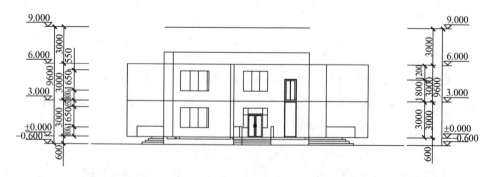

图 4.52 生成的①～⑥轴立面图

4.2.2 编辑修改生成的①~⑥轴立面图

1. 对照 CAD 图对生成的立面图进行修改

对照正确的①~⑥轴立面图的 CAD 图纸，将两边轮廓线延伸至地面处。然后修改一、二层通高的窗户造型。楼梯部分实际是被挡住的，将其删除。更改进门处踏步部分，将两边矮墙向下移动至地面处。将被挡住的①号轴线外部的踏步部分删除。将⑥号轴线以外的平台部分向下移动至地面处。绘制出雨篷部分。

特别提示

天正建筑生成的立面图是通过其自行开发的整体消隐算法对自定义的建筑对象进行消隐完成的，同时天正建筑也对 AutoCAD 的三维对象起作用，但是并不能保证对其进行准确消隐。生成的立面图除了有少量的错误需要纠正外，还需要对立面图进行内容深化，包括添加门窗分格、替换阳台的样式、墙身修饰等。

2. 修改和添加标高

生成立面图

将最上面的标高线对应在屋顶部分，添加屋顶标高"7.000"，窗台处标高"0.800"，窗顶处标高"2.450"，雨篷底处标高"2.880"，完成立面图的绘制。

小别墅①~⑥轴立面图如图 4.53 所示。使用同样的方法可以绘制出其他各个立面图。

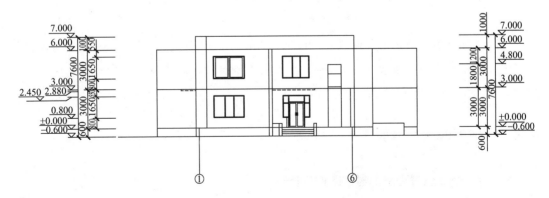

图 4.53　小别墅①~⑥轴立面图

4.3 天正建筑绘制小别墅剖面图

天正建筑剖面图的生成要求平面图标注有剖切符号或者断面剖切符号,但是并没有规定这些符号必须在一层平面图中标注,而是以【建筑剖面】命令执行时使用的剖切符号为准。

4.3.1 生成1—1剖面图

根据绘制好的小别墅一层平面图、二层平面图和屋顶平面图生成1—1剖面图。

选择【文件布图】|【工程管理】命令,打开【工程管理】对话框。在其下拉列表中选择【新建工程】选项,打开【另存为】对话框,选定保存路径,单击【确定】按钮即可新建一个工程项目【1—1剖面图】。

在【工程管理】对话框中,在【楼层】参数面板中将名为一层、二层和屋顶的dwg文件分别进行加载。

选择【楼层】|【建筑剖面】命令,单击该命令后,按照命令行提示首先选择已经创建好的1号剖切线,而后分别选择出现在剖面图上的①号和⑥号轴线,最后按Enter键结束,如图4.54所示。

```
请选择一剖切线:
请选择要出现在剖面图上的轴线:找到 1 个
请选择要出现在剖面图上的轴线:找到 1 个,总计 2 个
请选择要出现在剖面图上的轴线:
```

图4.54 【建筑剖面】命令行操作

此时系统显示【剖面生成设置】对话框,如图4.55所示,在对话框中设置参数。单击【生成剖面】按钮,显示【输入要生成的文件】对话框,输入要生成的文件名后,单击【保存】按钮,创建出1—1剖面图的dwg文件,生成的1—1剖面图如图4.56所示。

4.3.2 编辑修改生成的1—1剖面图

1. 对照CAD图对生成的剖面图进行修改

对照正确的1—1剖面图的CAD图纸,将两边轮廓线延伸至地面处。将⑥号轴线以外的平台部分向下移动至地面处,删除该处的台阶踏步部分。添加二楼③号轴线卧室部分柱子两个棱边的看线。

图4.55 【剖面生成设置】对话框

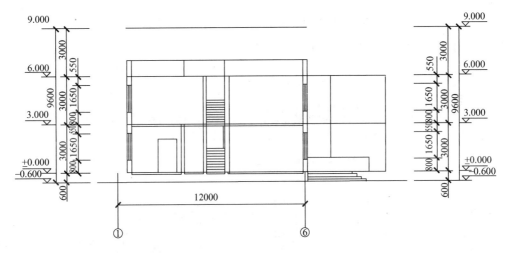

图4.56 生成的1—1剖面图

将顶层楼板从单线形式改为双线楼板,选择【剖面】|【双线楼板】菜单命令,按照命令行提示,先后单击楼板的起始点和终止点,然后输入楼板顶面标高"6.000",录入楼板的厚度"100",如图4.57所示。此时,系统就完成了双线楼板的绘制。

```
命令: (_@Ld"Sfloor")
命令: sdfloor
请输入楼板的起始点 <退出>:
结束点 <退出>:
楼板的厚度(向上加厚输负值) <200>: 100
```

图4.57 【双线楼板】命令行操作

2. 修改和添加标高

将最上面的标高线对应在屋顶部分,添加屋顶标高"7.000",窗台处标高"0.800",窗顶处标高"2.450",二层楼板底标高"2.900"。修改后的1—1剖面图如图4.58所示。

3. 对剖到的部分进行加粗

选择【剖面】|【居中加粗】菜单命令。按照命令行提示选取要加粗的剖面墙线、梁

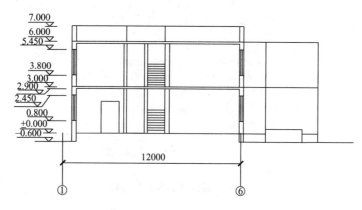

图 4.58 修改后的 1—1 剖面图

板，确认墙线宽度使用默认值，如图 4.59 所示。最后完成的小别墅 1—1 剖面图如图 4.60 所示。

```
命令: sltoplc2
请选取要变粗的剖面墙线梁板楼梯线(向两侧加粗)<全选>:
选择对象:
```

图 4.59 【居中加粗】命令行操作

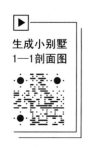

生成小别墅 1—1 剖面图

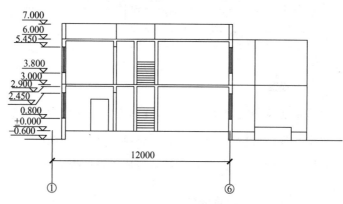

图 4.60 最后完成的小别墅 1—1 剖面图

| 模 块 小 结 |

本模块主要讲述使用天正建筑绘制小别墅平面图、立面图和剖面图的方法和步骤。通过本模块的学习，可以掌握利用天正建筑绘制轴网、墙体、门窗洞口、楼梯、台阶、柱子的方法和步骤，创建标高、文字等及绘制立面图、剖面图的方法。

本模块要求学生掌握使用天正建筑绘制二维工程图的方法，具备较强的计算机辅助设计能力，为今后独立完成工作打下良好的基础。

| 习 题 |

一、选择题

(1) 天正建筑是一种（　　）。

A. 操作系统　　B. 专用 CAD 软件　　C. 通用 CAD 软件　　D. 标准图形系统

(2) 直线轴网包括（　　）轴网。

A. 弧线　　　　B. 圆线　　　　C. 多向　　　　D. 双向和单向

(3) 下列绘图步骤排序正确的是（　　）。

A. 轴网→墙体→门窗　　　　　　B. 轴网→门窗→墙体

C. 门窗→墙体→轴网　　　　　　D. 门窗→轴网→墙体

(4)【窗】对话框的插窗参数中不包括（　　）。

A. 窗高　　　　B. 门高　　　　C. 窗宽　　　　D. 编号

(5) 下列说法正确的是（　　）。

A. 单线不可变墙，轴线可生墙　　　　B. 单线可变墙，轴线可生墙

C. 单线不可变墙，轴线不可生墙　　　D. 单线可变墙，轴线不可生墙

二、简答题

(1) 简述用天正建筑绘制建筑设计图的步骤和方法。

(2) 使用天正建筑软件绘图的过程中，与使用 AutoCAD 软件绘图相比较，天正建筑软件的主要优点有哪些？结合该门课程所学知识内容，进行相关知识点的阐述。

(3) 试述进深和开间的含义。

(4) 文档标签的作用是什么？

(5) 简述天正屏幕菜单的使用方法。

| 上 机 实 训 |

上机实训一：绘制别墅一层平面图

【实训目的】

练习使用【轴网柱子】【墙体】【门窗】等命令绘制别墅一层平面图。

【实训内容】

绘制如图 4.61 所示的别墅一层平面图。

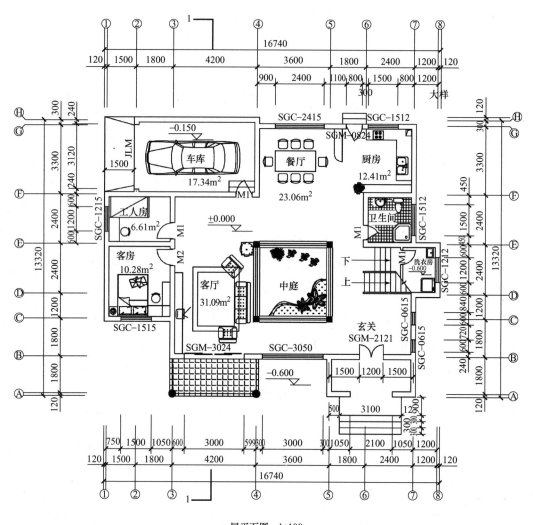

一层平面图 1:100

图 4.61 别墅一层平面图

上机实训二：绘制别墅二层平面图

【实训目的】

练习使用【轴网柱子】【墙体】【门窗】等命令绘制别墅二层平面图。

【实训内容】

绘制如图 4.62 所示的别墅二层平面图。

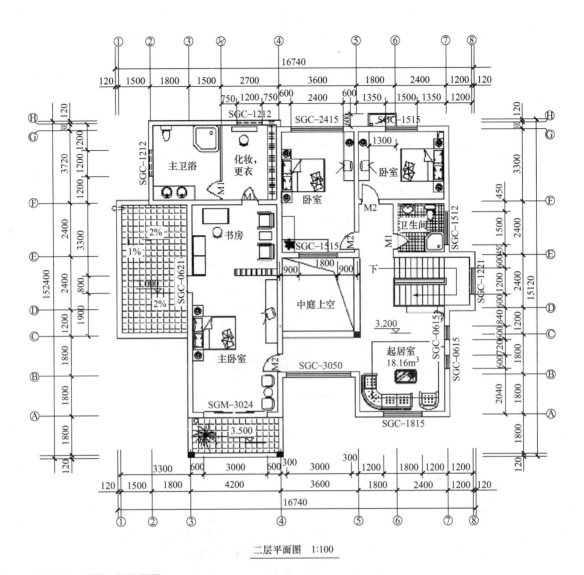

图 4.62 别墅二层平面图

上机实训三：绘制别墅屋顶平面图

【实训目的】

练习使用【房间屋顶】【搜屋顶线】【填充】等命令绘制别墅屋顶平面图。

【实训内容】

绘制如图 4.63 所示的别墅屋顶平面图。

上机实训四：绘制别墅①～⑧轴立面图

【实训目的】

练习使用【工程管理】【建筑立面】等命令绘制别墅①～⑧轴立面图。

【实训内容】

绘制如图 4.64 所示的别墅①~⑧轴立面图。

上机实训五：绘制别墅 1—1 剖面图

【实训目的】

练习使用【工程管理】【建筑剖面】命令绘制别墅 1—1 剖面图。

【实训内容】

绘制如图 4.65 所示的别墅 1—1 剖面图。

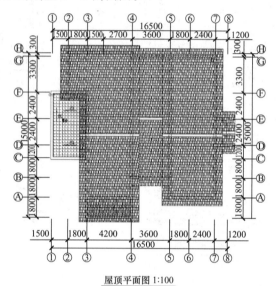

图 4.63　别墅屋顶平面图

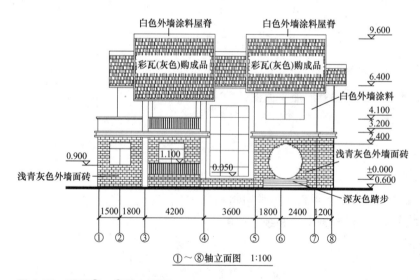

图 4.64　别墅①~⑧轴立面图

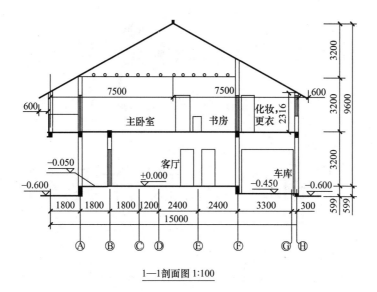

图 4.65 别墅 1—1 剖面图

模块4上机实训图纸

模块 5

SketchUp操作基础

教学目标

主要讲述 SketchUp 软件的操作基础部分。通过本模块的学习，应达到以下目标。

(1) 了解 SketchUp 的基本绘图环境和工具栏。

(2) 熟悉 SketchUp 系统参数及工作界面的设置。

(3) 掌握绘制二维平面及三维模型的绘图及编辑的基本操作。

(4) 培养用线、面和体组成三维模型的空间概念，通过练习能够熟练操作和运用 SketchUp 软件，为今后学习和实际工作打下扎实的基础。

思维导图

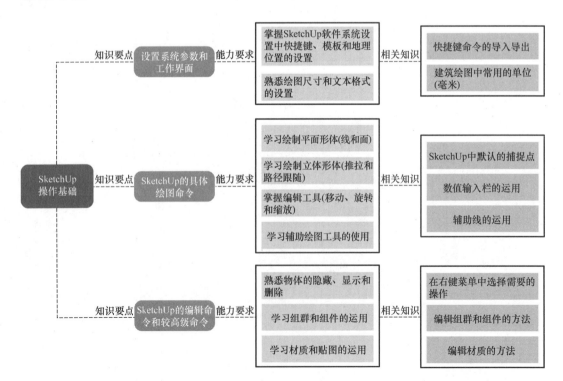

基本概念

工具栏；系统参数及工作界面的设置；图层；坐标系；绘图；编辑；辅助；组群和组件；材质和贴图。

引例

设计师使用 SketchUp 软件，可以对规划、建筑、景观及室内设计的方案进行二维及三维的图形绘制和推敲，这款简洁、易上手的软件非常适合相关专业学生及建模新手学习和使用。

5.1 SketchUp 软件概述

SketchUp（草图大师）软件是针对规划、建筑、景观及室内设计推出的一款辅助设计师们进行方案设计构思和立体建模的设计工具，目前最新的版本是 SketchUp 2021。此软件能快速表达出设计师的初步设计概念及想法，并快速建立起能与客户有效沟通交流设计想法的立体模型，同时操作步骤十分简单、易上手，是一款非常简洁实用的三维绘图软件，是名副其实的"草图大师"。

5.1.1 SketchUp 的应用与兼容

该软件应用范围非常广泛，可应用于城镇规划设计、建筑房屋设计、园林景观设计、室内设计及工业产品设计等众多相关领域。一组规划、一幢建筑、一个景观、一个室内设计都能通过 SketchUp 的快速建模及效果图表现的功能得到快速和高质量的表达，因此该软件博得了设计师用户和客户的喜爱，赢得了广泛的市场。

SketchUp 与其他软件的兼容性好，能完美结合绘图软件 AutoCAD，建模软件 3ds MAX、Maya，渲染软件 Vray，后期图像处理软件 Photoshop 等，进行方案构思、建模、渲染和效果图成图制作，同时能导入及导出多种格式的文件，例如 dwg、dxf、jpg、max、png 等，是一款兼容性非常强的软件。

5.1.2 SketchUp 的操作特点

SketchUp 操作界面简单清晰，工具及命令容易掌握，用户能在极短的时间内掌握该软件并绘制出效果较好的立体模型。

其独创了推/拉、路径跟随等功能，能以非常快的速度完成从二维平面图形到三维立体图形的转换。

其强大便捷的剖切面生成功能，能迅速完成对三维立体图形多角度、多方位的剖切，快速展现模型内部的结构和构造，还能进一步导出二维的剖面图纸，导入 AutoCAD 等其他软件进行后期绘制和处理。

便捷的测量和尺寸标注功能，能方便地标注出尺寸、文字说明等。

5.1.3　SketchUp 的材质库、组件库和插件资源

SketchUp 主要插件介绍

该软件自带大量外墙、屋顶、门窗、家具、景观所需的组件库和材质库，在互联网中也有大量免费的组件或分享的模型资源。

该软件有大量的插件资源，如 SUAPP 中文建筑插件集、JointPushPull 联合推拉插件等。

5.1.4　SketchUp 的成图及动画效果

SketchUp 制作的规划、建筑及景观效果图

SketchUp 配置了多种绘图风格可供选择，可以选用常规的直线绘图风格，也可以选择端点加重、端点延长、线条抖动、手绘线条等效果。

该软件能将 Google Earth 上信息结合用户上传的地理定位、日照定位、阴影设置，快速模仿出不同地理位置、不同时间的日照及阴影图。

此外，SketchUp 还具有轻松方便的动画制作流程，通过简单的页面设置就可以形成或关联到不同视角、不同空间的动画，有很好的动态表达效果，同时形成的视频文件不大，不会占用过多的空间。

5.2　SketchUp 绘图环境和工具栏介绍

本书介绍的软件操作基于 SketchUp Pro 2018。在上一节中已简单介绍过 SketchUp 软件的应用、操作特点及相关资源，本节将详细讲述 SketchUp 软件的绘图环境和常用工具栏。

5.2.1　SketchUp 绘图环境介绍

在 64 位的 Windows 系统下完成 SketchUp 的安装后，可双击桌面图标进入操作界

面。SketchUp 的操作界面主要由以下五个部分组成：菜单栏、工具栏、图纸空间、操作提示栏、数值输入栏，如图 5.1 所示。

图 5.1　SketchUp 操作界面

① 菜单栏：包含【文件】【编辑】【视图】【相机】【绘图】【工具】【窗口】和【帮助】选项。

② 工具栏：包含最常用的工具，可以根据用户的需要进行开启和关闭。

③ 图纸空间：一个单视图的三维立体的绘图空间。

④ 操作提示栏：根据当前用户输入的命令或操作给予一定的文字提示。

⑤ 数值输入栏：可输入数字、符号等来进行尺寸精确的绘图和建模。

 特别提示

1. 在数值输入栏输入数值时请注意单位和格式等，如输入"600"，系统会根据模板选择时确定的单位（米、毫米、英寸等）做出相应的距离反应。

2. 数值输入栏默认的复制输入格式是"数量+X"，例如 6X，即复制为 6 个相同物体。

3. 如输入无效数据，则软件不会有反应。

5.2.2　SketchUp 常用工具栏

SketchUp 工具栏显示在窗口中，可以在需要的时候打开，也可以在不需要的时候关

闭，通过简单的鼠标拖拽可以使其悬浮在窗口的任何位置。工具栏的显示和隐藏可以通过【视图】|【工具栏】命令，在弹出的对话框中选中或取消选中来完成，如图 5.2 所示。

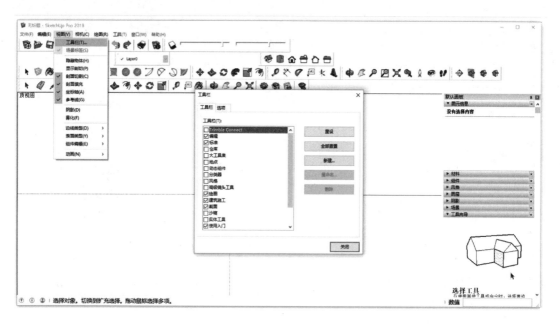

图 5.2　SketchUp 选中【工具栏】界面

1. 标准工具栏（Standard）

标准工具栏中放置了 SketchUp 中最基本的、与文件相关的一些操作，包括【新建】【打开】【保存】【剪切】【复制】【粘贴】【擦除】【撤销】【重做】【打印】【模型信息】，如图 5.3 所示。

图 5.3　标准工具栏

2. 视图工具栏（Views）

视图工具栏为设计师提供了不同的视角，包括二维视角和三维视角，从而能用最恰当的视图来进行图形的绘制和修改编辑，也用于导出平面图、立面图等。视图工具栏中包括【等轴】【俯视图】【前视图】【右视图】【后视图】【左视图】，如图 5.4 所示。

图 5.4　视图工具栏

3. 相机工具栏 （Camera）

相机工具栏中放置了设计师在作图时转换观察角度、方便建模及修改的工具，包括【环绕观察】【平移】【缩放】【缩放窗口】【充满视窗】【上一个】【定位相机】【绕轴旋转】【漫游】，如图5.5所示。

图5.5 相机工具栏

4. 绘图工具栏 （Drawing）

绘图工具栏中放置了设计师绘制基本图形的最重要的工具，其中包括【直线】【手绘线】【矩形】【旋转矩形】【圆】【多边形】【圆弧】【3点圆弧】【扇形】，如图5.6所示。

图5.6 绘图工具栏

5. 图层工具栏 （Layers）

图层工具栏中放置了设计师控制图层显示的工具，可以在下拉菜单中选择要显示或者隐藏的图层，如图5.7所示。

6. 编辑工具栏 （Edit）

编辑工具栏中放置了设计师对绘制的二维图形及三维模型进行修改编辑的工具，包括【移动】【推/拉】【旋转】【路径跟随】【缩放】【偏移】，如图5.8所示。

图5.7 图层工具栏　　　　　图5.8 编辑工具栏

7. 主要工具栏 （Principal）

主要工具栏供设计师选择并赋予构件材质，包括【选取】【制作组件】【材质】【擦除】，如图5.9所示。

8. 风格工具栏 （Styles）

风格工具栏供设计师选择模型显示模式，包括【X光透视模式】【后边线】【线框显示】【消隐】【阴影】【材质贴图】【单色显示】，如图5.10所示。

图5.9 主要工具栏

图5.10 风格工具栏

9. 建筑施工工具栏（Construction）

建筑施工工具栏为设计师提供测量和标注等工具，包括【卷尺工具】【尺寸】【量角器】【文字】【轴】和【三维文字】，如图5.11所示。

10. 截面工具栏（Section）

截面工具栏能快速帮助设计师完成对三维形体的剖切，包括【剖切面】【显示剖切面】【显示剖面切割】【显示剖面填充】，如图5.12所示。

图5.11 建筑施工工具栏

图5.12 截面工具栏

11. 地点工具栏（Location）

地点工具栏主要为设计师提供输入项目地理位置的工具，包括【添加位置】【切换地形】【照片纹理】，如图5.13所示。

12. 阴影工具栏（Shadows）

阴影工具栏为设计师提供便捷的日期和时间设定工具，在图面中展示实时的模型光影和阴影效果，包括【显示/隐藏阴影】【日期】滑块和【时间】滑块，如图5.14所示。

图5.13 地点工具栏

图5.14 阴影工具栏

以上是对SketchUp的常用工具栏的介绍，具体的操作和运用将在后面的章节中进行详细的介绍。

特别提示

初学者为了尝试操作会打开很多个工具栏，但工具栏无论是放置在菜单栏下方或者悬浮在窗口任何位置，都会占用一部分窗口空间，使绘图窗口变小，观察绘制的图形会变得比较困难。因此建议只打开最常用的工具栏，关闭不常用的工具栏，并及时整理菜单栏下方工具栏的排布。

5.3 SketchUp 系统参数和工作界面的设置

与其他绘图软件一样，SketchUp 软件可以根据用户需求和电脑配置实际情况进行参数的设置。根据设计师的绘图及操作习惯，合理安排设置各种参数，将为之后绘制图纸及建模提供很大的便利，因此合理设置系统参数非常重要。

5.3.1 系统参数设置

1. 快捷键设置

单击【窗口】|【系统设置】命令，打开【SketchUp 系统设置】对话框，可以看见系统默认的快捷方式，如【缩放】工具原默认快捷键为"S"，可在右侧空框中填入新的快捷方式，如图 5.15 所示。设置时请注意不要重复使用或混淆不同工具的快捷方式。在对话框下方还有【导入】【导出】命令，可以方便地将其他版本中已设置好的快捷方式一次全部转入 SketchUp 软件中。

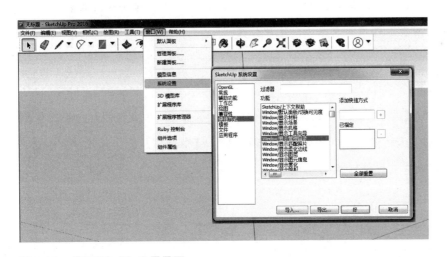
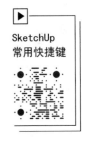

SketchUp 常用快捷键

图 5.15 【快捷方式】设置界面

2. 模板设置

模板指的是打开软件时系统默认的绘图格式和样式，主要指使用的单位（米、毫米、英寸）及用途（用于概念方案草模或详细施工图纸），可在【SketchUp 系统设置】对话框提供的多种模板中进行选择，如图 5.16 所示。对于规划、建筑、景观专业的学生，一般推荐选用 Architecture Design（建筑设计）模板（以毫米为单位）。

3. 地理位置设置

设计师可以在 SketchUp 软件中上传项目具体的地理位置，来获得周边的环境及真实的阴影和日照。具体在【窗口】|【模型信息】|【地理位置】中设置，如图 5.17 所示。

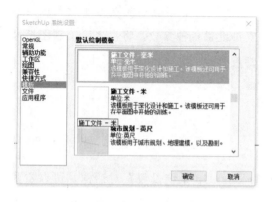

图 5.16 【模板】设置

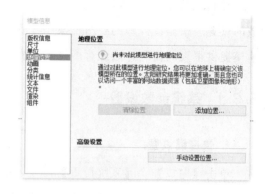

图 5.17 【地理位置】设置

 特别提示

请注意保持互联网处于连接状态才可以上传定位。也可以通过【高级设置】手动输入国家/地区、位置、经度、纬度信息来添加地理位置。

4. 绘图尺寸设置

SketchUp 软件提供尺寸、标注样式及文字字体的设置选择，可以在绘图开始前就设置好这些参数，也可在后期进行修改，具体设置在【窗口】|【模型信息】|【尺寸】中进行，如图 5.18 所示。常用尺寸标注样式见表 5.1。

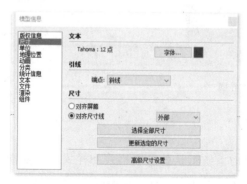

图 5.18 【尺寸】设置

表 5.1　常用尺寸标注样式

尺寸标注名称	开放箭头	闭合箭头	点	斜线
英文名称	Open Arrow	Closed Arrow	Dot	Slash
尺寸标注样式	←——→	◄——►	•——•	╱——╱

5. 文本设置

文本设置可在【窗口】｜【模型信息】｜【文本】中完成，包括屏幕文字、引线文字的大小、字体等，以及引线的格式等，如图 5.19 所示。

5.3.2　工作界面设置

1. 工具向导

执行菜单栏上【窗口】｜【默认面板】｜【工具向导】命令，打开【工具向导】面板，可以观看操作演示，方便了解工具的功能和用法，如图 5.20 所示。

图 5.19　【文本】设置

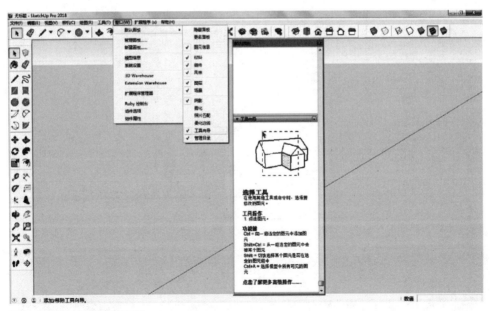

图 5.20　【工具向导】面板

2. 数值输入栏

数值输入栏在界面右下方，如图 5.21 所示。创建模型时，可以通过键盘直接在输入栏内输入【距离】【长度】【尺寸】【边数】等数值，从而精确绘制图形的大小。

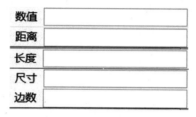

图 5.21 数值输入栏

3. 视图

可以单击视图工具栏中的按钮切换界面中的视图，如图 5.22 所示。也可以执行菜单栏中的【相机】|【标准视图】命令，进行视图间的切换，如图 5.23 所示。

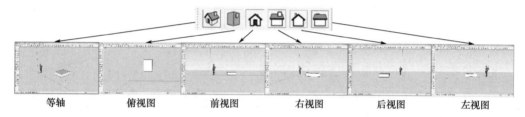

图 5.22 视图工具栏切换视图

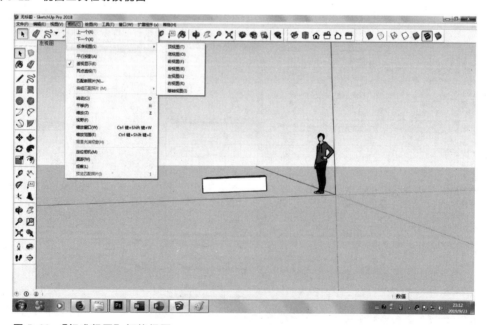

图 5.23 【标准视图】切换视图

5.4 视图的选择和对象的选择

5.4.1 视图的选择

在 5.2 节中我们已经简单介绍了视图工具栏和相机工具栏的使用,在本节中将结合实际操作来掌握视图的选择这一操作。

1. 视图类型的选择

打开视图工具栏,可以选择视图的类型,包括【等轴】【俯视图】【前视图】【右视图】【后视图】【左视图】,如图 5.22 所示。

以一个建筑模型作为案例,单击【等轴】命令,绘图界面将切换至等轴透视角度,如图 5.24 所示。

图 5.24 等轴透视

依次单击【俯视图】【前视图】【右视图】【后视图】【左视图】命令,绘图界面将分别切换至所需角度,如图 5.25 所示。

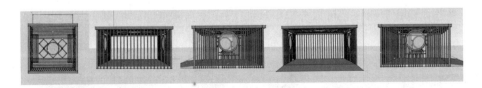

图 5.25 俯视图、前视图、右视图、后视图和左视图

2. 透视类型的选择

单击菜单栏【相机】命令,可以选择透视的类型,包括【平行投影】【透视显示】【两

点透视】三种方式。

以上一个建筑模型作为案例,结合轴测图,在菜单栏中单击【相机】命令,选择【平行投影】【透视显示】【两点透视】三个选项,可分别得到轴测图、透视图和两点透视图,如图 5.26 所示。

图 5.26　轴测图、透视图和两点透视图

 特别提示

1. 使用 SketchUp 软件导出三维效果图时,通常选择【透视显示】和【两点透视】选项,如选择【平行投影】选项,则得到的是没有透视关系的轴测图。

2. 使用 SketchUp 软件导出二维图形时,请选择【平行投影】,并结合视图工具栏中的【俯视图】【前视图】【右视图】【后视图】【左视图】按钮,生成需要的二维图形。

3. 导出 dwg 格式的图形时,例如立面图或者剖面图,在 CAD 软件中会发现很多线条重合在一起,这是由于三维图形投影成二维图形造成的,在进一步绘图的过程中请注意删除多余的线条。

3. 显示类型的设置

打开风格工具栏,可以选择显示的效果,包括【X 光透视模式】【后边线】【线框显示】【消隐】【阴影】【材质贴图】【单色显示】等。

以一个家具模型为案例,依次单击【线框显示】【消隐】【阴影】【材质贴图】【单色显示】【X 光透视模式】命令,可以分别得到如图 5.27 所示的显示效果。

图 5.27　线框显示、消隐、阴影、材质贴图、单色显示和 X 光透视模式

特别提示

1. 选择【X光透视模式】会形成线条的重叠,尤其是在复杂的建筑及规划模型中,线条重叠太多会看不清,此时可切换回【消隐】。

2. 导出效果图和对模型进行渲染操作前,使用【材质贴图】会比较接近成图效果。

3. 当模型量较大时,使用【材质贴图】会占用较大内存,减慢软件操作,此时建议先切换回【消隐】。

4. 边线类型的设置

不同显示模式下Sketch-Up软件制作出的效果图案例

在【视图】|【边线类型】中可选择相对应的边线类型,系统中自带的边线类型有【边线】【后边线】【轮廓线】【深粗线】,可点选需要的边线显示形式,部分边线效果可附加。以一个建筑模型作为案例,选择显示边线模式、不显示边线模式、轮廓线模式、深粗线模式分别可以得到如图5.28所示效果。

图5.28 显示边线模式、不显示边线模式、轮廓线模式、深粗线模式

5.4.2 对象的选择

SketchUp中建模的基本单元包括线、面、体和组合体。在绘图及编辑中需要对物体的不同单元进行选择,如图5.29所示。

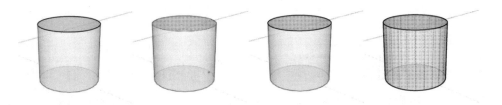

图5.29 线、面、线和面、体的选择

1. 点选

单击 按钮，屏幕显示箭头光标，选取的物体将变为黄色。一次点选只能选取一个物体，可以按住辅助键来实现增加或者减少选择集。如按住 Ctrl 键，可以添加选择集；如按住 Shift＋Ctrl 键，可以减少选择集；如按住 Ctrl＋A 键，可以选中图面中所有物体。

2. 框选

单击 按钮，屏幕显示箭头光标，在屏幕中从左至右进行框选，完全被框在选项框中的物体才能被选中，如图 5.30 所示。

3. 交叉选

单击 按钮，屏幕显示箭头光标，在屏幕中从右至左进行框选，与框相交的物体都能被选中，如图 5.31 所示。

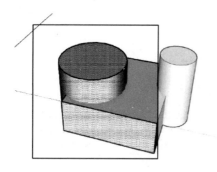
图 5.30　框选

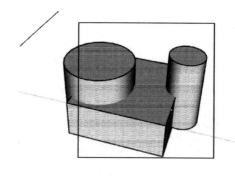
图 5.31　交叉选

特别提示

1. 选择物体不完整的情况下可以按住 Ctrl 键加选。

2. 选择物体太多的情况下可以按住 Shift＋Ctrl 键减选，或者直接按 Esc 键取消选择，再重新选择。

4. 相关物体扩展选择

SketchUp 中建模的基本单元很多时候都是相互关联的，比如线和线相连，三线以上形成平面，推拉后形成体等。在用 按钮选择了一个基本单元，如一条线或一个面后，双击可选中与此物体相关的线或者面，三击则可选中与此物体相关的体。

5.5 图层的设置及坐标系

SketchUp 软件中有便捷的图层设置系统。可以将模型中的线、面、体按不同的图层进行划分,方便快捷地绘制、编辑和管理。其设置原理基本和 AutoCAD 类似。设计师可以根据自己的需求,灵活地运用图层工具,进行图形的绘制和编辑。

5.5.1 图层的设置

选择图层工具栏,在工具栏的下拉菜单中可以看见所有建立好的图层。如果是新建的文件,则工具栏下拉菜单中只有一个【Layer0】图层,在菜单栏执行【窗口】|【默认面板】|【图层】命令,可以新建、删除、编辑图层,如图 5.32 所示。

图 5.32 【图层】管理器

特别提示

图层的设置和 5.11 节会讲到的组件的设置,分别起到不同的分组功能,设计师可按需要进行区分设置。

5.5.2 坐标系

在系统默认的界面中,坐标系是以红轴(X 轴)、绿轴(Y 轴)、蓝轴(Z 轴)为三维来指示方向辅助绘图的,如图 5.33 所示。

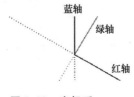

图 5.33 坐标系

一般情况下，设计师只需要按照系统自带的坐标系进行绘图即可，特殊情况下可重新设置各轴朝向。

5.6 绘制平面形体

在 5.2 节中我们简单介绍了绘图工具栏，任何复杂的三维模型都是从最基础的二维线和面发展过来的，因此我们需要熟练掌握线和面的绘制。接下来让我们结合实际绘制过程，来看一下绘制不同的线和面的步骤。

5.6.1 线的绘制

直线是 SketchUp 软件中最小的建模单元，线和线在图纸空间中结合为面，面与线或者面与面在三维空间中结合为体。这就是 SketchUp 软件建模最基础的空间原则。

单击绘图工具栏中的【直线】命令，可完成直线的绘制，还可以绘制指定长度直线和指定端点直线，如图 5.34 所示。

指定长度的直线，需在点选直线起始点后，在数值输入栏中输入具体数值。

指定端点的直线，需在绘制开始及结束时点选端点。

SketchUp 系统默认在绘图过程中会自动捕捉已有图形的端点、中点等，可根据操作提示栏，确定并点选图形端点，如图 5.35 所示。

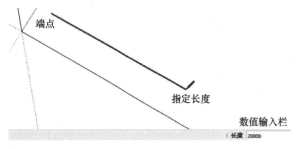

图 5.34 直线的绘制

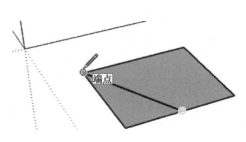

图 5.35 端点的选择

 特别提示

弧线、手绘线等绘制方法与直线类似，都可由端点及长度等进行控制。可在实践中多加练习以熟练掌握。

5.6.2 面的绘制

首尾相接的线在同一平面上封闭，就会成为一个面，如图5.36所示。当其中一条线被删除时，这个面也就不存在了。

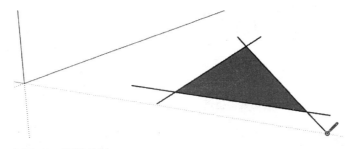

图5.36 面的绘制

在绘图工具栏中单击【矩形】【圆】【多边形】命令，在数值输入栏输入数值，可分别得到矩形、圆形和多边形，如图5.37所示。

图5.37 矩形、圆形和多边形的绘制

5.7 绘制立体形体

SketchUp软件中与三维立体形体绘制和编辑相关的命令，主要有以下两个：【推/拉】及【路径跟随】。

5.7.1 推/拉

【推/拉】命令是SketchUp软件中非常有特色的命令，可以将二维图形通过最快捷的方式，精准生成三维图形，其操作如下：单击【推/拉】命令，在需要拉伸的面板处，按下鼠标左键，直至拉至所需的高度，松开鼠标即可，如图5.38所示。也可在数值输入栏中输入数值，按下Enter键即可。

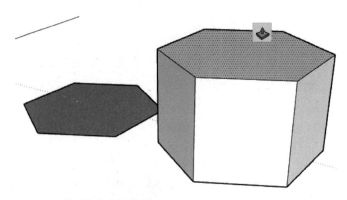

图 5.38 推/拉功能的使用

5.7.2 路径跟随

【路径跟随】和【推/拉】命令一样,是 SketchUp 软件中将二维图形向三维建模转换的主要工具,具体操作如下。

将截面放在与物体垂直的位置,选择一条边线作为跟随路径,单击【路径跟随】命令,单击截面,即可完成路径跟随过程,如图 5.39 所示。

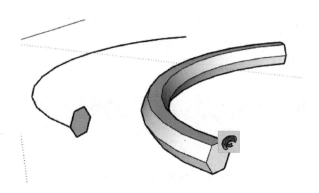

图 5.39 路径跟随功能的使用

 特别提示

熟练掌握推/拉及路径跟随两种功能即可非常简便地实现二维图形向三维建模的转换。

三维空间思考能力是使用 SketchUp 建模时非常重要的一项能力,同一个模型会有很多种建法,形成合理的空间建立思路能加快建模速度。

5.8 编辑图形常用工具

SketchUp 软件编辑图形常用的工具有三种:【移动】【旋转】【缩放】。

5.8.1 移动

【移动】是 SketchUp 中最重要的图形编辑工具之一,可以使图形自如地在二维及三维图纸空间中移动。可以通过定点捕捉,也可以通过在数值输入栏输入数据进行定距移动。通过附加键的操作,还能实现复制及阵列的功能。

1. 随意移动

先选取要移动的物体,然后单击编辑工具栏中的❖按钮,在此物体或者其他物体上选择一个移动起始的参照点,然后用光标捕捉到一个移动结束的参照点,单击确定物体移动后的位置,如图 5.40 所示。

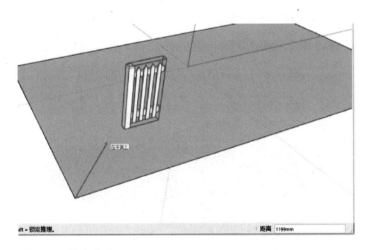

图 5.40 随意移动

2. 定距移动

选取物体并单击❖按钮,选择移动起始点,然后用光标选择移动方向(如沿红轴或绿轴),在数值输入栏中输入要移动的距离,如向右移动 500mm,如图 5.41 所示。

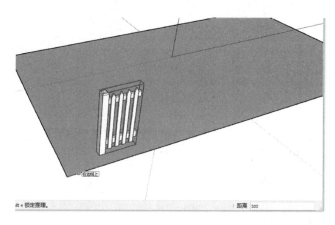

图 5.41 定距移动

 特别提示

当移动方向对准光轴方向后,会出现一条跟该光轴同样颜色的粗虚线。如对齐红轴会出现一条红色粗虚线,对齐绿轴、蓝轴则会分别出现绿色或者蓝色粗虚线。

3. 复制

【复制】命令隐含在【移动】命令中,在选取要移动的物体之后,单击编辑工具栏中的 ❖ 按钮,在没有确定移动起始点之前,按下 Ctrl 键,会发现移动光标旁多了一个"＋"号,代表进入复制模式。接着选择移动的起始点和结束点,可得到一个原有物体的复制。同样,复制的方向可以通过光标控制,距离可以通过数值输入栏进行控制,如向右 1200mm 复制一个物体,如图 5.42 所示。

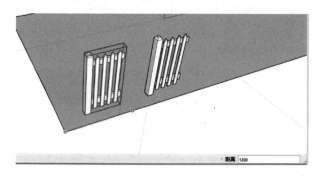

图 5.42 复制

4. 阵列

【阵列】命令同样隐藏在【移动】命令中,在按上一步完成复制物体的操作后,可以在数值输入栏输入"nX"格式,如需沿红轴阵列 4 个,则输入"4X",按 Enter 键,则得到按之前距离复制的 4 个物体，如图 5.43 所示。如需沿绿轴整行阵列 3 排，则输入"3X"，按 Enter 键，可以得到 3 排的栏杆阵列，如图 5.44 所示。

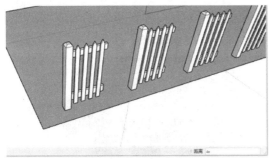

图 5.43 沿红轴阵列　　　　　　　　　　图 5.44 沿绿轴阵列

5.8.2 旋转

SketchUp 中的【旋转】命令同样非常简洁，能便捷地在二维及三维视图中进行物体的旋转。可以通过定点捕捉，也可以通过在数值输入栏输入旋转角度进行定角度旋转。通过附加键的操作，还能实现圆形阵列的功能。

1. 随意旋转

先选取要旋转的物体，单击编辑工具栏中的 按钮，会会出现一个量角器形的光标。调整该光标在合适的旋转面上，移动光标会出现一条虚线，调整至合适的参照角度即可完成物体的旋转，如图 5.45 所示。

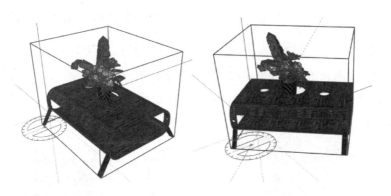

图 5.45 随意旋转

2. 定角度旋转

选取物体并单击 按钮，选择旋转面及起始轴后，可以在数值输入栏中输入旋转角度，按 Enter 键完成指定角度的旋转，如图 5.46 所示。

3. 圆形复制及阵列

与普通【复制】及【阵列】相同，可通过按下 Ctrl 键及在数值输入栏输入"nX"实现，如图 5.47 所示。

图 5.46　定角度旋转

图 5.47　圆形复制及阵列

 特别提示

圆形复制及阵列时请留意以下两点：①设定好旋转的圆心或者起始轴；②预先计算好物体间隔的角度或弧度关系后，再正确输入数值，即可得到需要的阵列。

5.8.3　缩放

SketchUp 中【缩放】功能是通过带八个点的控制框实现的。点选要缩放的物体，单击编辑工具栏中的 按钮，会发现该物体周围出现一个控制框，上面有很多个控制点，按住控制点对物体进行缩放。可以进行等比例缩放，也可进行不等比缩放，如图 5.48 所示。被选中的控制点为红色，拖拽它就可以达到缩放的效果，将物体调整到合适的大小，松开控制键即可。

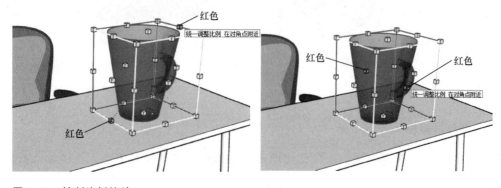

图 5.48　控制比例缩放

5.9 辅助绘图工具

SketchUp 软件中有四个最基础的辅助绘图工具：【卷尺工具】【量角器】【尺寸】【文字】，在建筑施工工具栏中可以找到它们。

5.9.1 卷尺工具

1. 测距

【卷尺工具】可以测量两点之间的距离。单击建筑施工工具栏中的 按钮后，在屏幕中点选物体上的两点则可测得两点之间的直线距离，如图 5.49 所示。

图 5.49 【卷尺工具】测两点距离

2. 创建辅助线

【卷尺工具】的隐藏功能是可以创建绘图当中的辅助线。单击建筑施工工具栏中的 按钮后，选择屏幕中的一点，在屏幕上移动鼠标，则可得到一条辅助虚线，将此虚线拖到合适的位置，即可得到一条辅助线，如图 5.50 所示。

图 5.50 创建辅助线

5.9.2 量角器

1. 量角度

【量角器】可以测量两交线之间的角度。单击建筑施工工具栏中的 按钮后,在屏幕中点选两条线段则可测得两线间角度,如图 5.51 所示。

2. 创建辅助线

和【卷尺工具】一样,【量角器】也可以创建带有角度的辅助线,如图 5.51 所示。

角度的精度设置及显示

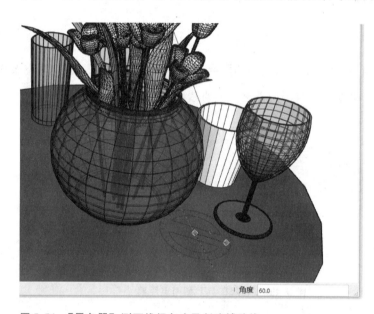

图 5.51 【量角器】测两线间角度及创建辅助线

 特别提示

SketchUp 软件跟 AutoCAD 一样,默认角度测算方向为自东向西,逆时针为正,顺时针为负。如逆时针角度 60°,则输入"60";顺时针角度为 45°,则输入"-45"。

5.9.3 尺寸

SketchUp 软件提供了在二维及三维空间中精准标注尺寸的功能。标注方法十分简单,单击建筑施工工具栏中的 按钮后,出现箭头符号,在屏幕中点选两点,即可标出两点间的尺寸,如图 5.52 所示。

图 5.52　尺寸标注

5.9.4　文字

除了标注尺寸外，设计师还可以对所绘制的图形添加文字标注。单击建筑施工工具栏中的 按钮后，出现光标图案，可以单击需要标注的物体，将标注线拉出后，在对话框中输入描述性文字，如图 5.53 所示。

图 5.53　文字标注

特别提示

SketchUp 软件中的【尺寸】及【文字】，其文字大小都不会随绘图窗口的缩放而变化，始终保持一个稳定的显示大小，故导出图形时不必再刻意调整字体大小。

5.10 隐藏、显示和删除

SketchUp 软件除了提供对物体的编辑外,还提供了隐藏物体、显示物体和删除物体的功能。

5.10.1 隐藏

选择现有物体后右击,在弹出的菜单中选择【隐藏】命令,则能实现对选中物体的隐藏操作,如图 5.54 所示。

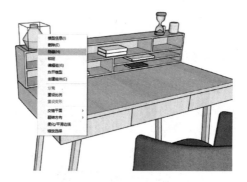

图 5.54 隐藏物体

5.10.2 显示

物体隐藏后如需要将其显示出来,则需要在【编辑】菜单下选择【取消隐藏】,有【选定项】【最后】和【全部】三种选择,如图 5.55 所示。

图 5.55 显示物体

5.10.3 删除

在 SketchUp 软件中如要删除一个物体，可以选择现有物体后右击，在弹出的菜单中选择【删除】选项，则能实现对选中物体的删除操作，如图 5.56 所示。也可在选择物体后按 Delete 键，或者单击【擦除】按钮。

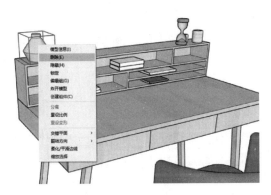

图 5.56　删除物体

5.11　组群与组件的运用

由于 SketchUp 的建模是基于线形成面，面再形成体的逻辑，所以其图像和模型的相交线、面和体都是密切相关的。为了使设计师能方便地对其中一部分物体进行编辑，软件设置了组群和组件的功能。

5.11.1　组群

1. 创建组群

如需创建组群，则先选择需要加入组群的物体右击，在出现的菜单中选择【创建组群】选项即可，如图 5.57 所示。创建完的组群中的物体将成为一个整体，可以同时进行移动、缩放等操作，如果需要对内部的物体进行编辑，则需要双击进入组群再进行编辑。

2. 取消组群

如需取消组群，则选择组群后右击，在出现的菜单中选择【炸开模型】选项，就可以解散组群，回到原来的分散状态，如图 5.58 所示。

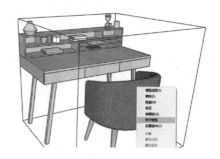

图 5.57　组群的创建　　　　　　　　图 5.58　组群的解散

5.11.2　组件

组件的概念与组群类似又有所区别，同样指的是一组物体的集合，但组件通常是多次重复在屏幕中出现的，方便同时管理并修改多个组件。

1. 组件的应用

打开组件应用工具栏，可以实现对组件的表格式运用。软件自带了一些常用的组件，如人物、树木、配景等，可以点选需要的组件插入到模型中，也可以将自建的组件输入组件库中，应用于其他的 skp 文件中，如图 5.59 所示。

图 5.59　组件的选用和创建

2. 组件的关联

如在一场景中有多个已复制的组件，可以进行统一的关联性修改，也可进行单独的编辑。选择该组件右击，在出现的菜单中选择【设定为唯一】，则可实现单独的编辑，如图 5.60 所示；否则将统一进行关联性修改。

模块 5　SketchUp操作基础

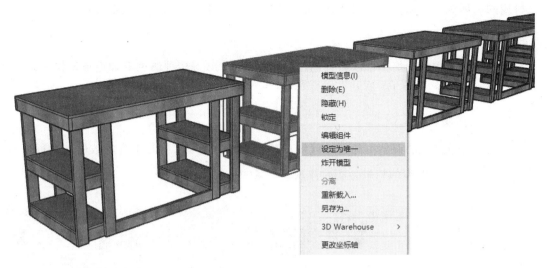

图 5.60　组群单独编辑

 特别提示

在利用 SketchUp 软件建模时，应合理利用组件功能，将同一尺寸的门、窗、柱等构件设为组件，需要修改时，只需要对其中一个组件做修改，则可实现全部组件的更新，非常高效。

5.12　材质和贴图的运用

材质和贴图是 SketchUp 软件中非常简洁方便的一套系统。软件自带大量材质素材可供设计师选用，同时也可自己编辑及制作材质素材，并运用于模型当中。

5.12.1　赋予材质

在视图工具栏中单击 按钮，打开【材料】对话框，选择材质，再单击选择的物体，即可将材质赋予物体上，如图 5.61 所示。

5.12.2　编辑材质

单击 按钮打开【材料】对话框，再选择其自带的材质，双击材质图片，可以打开编辑材质的对话框。对话框中有【颜色】【纹理】【不透明】三个可调整的功能框。

1. **编辑材质颜色**

   对现有材质颜色的编辑可以通过色轮、RGB 及 HSB 等多种调色模式进行，如图 5.62 所示。调色的结果会实时体现在场景中。

2. **调整材质尺寸**

   对现有材质尺寸的调整可通过在【纹理】功能框中输入水平和垂直的数值来进行，如图 5.63 所示。尺寸调整的结果会实时体现在场景中。

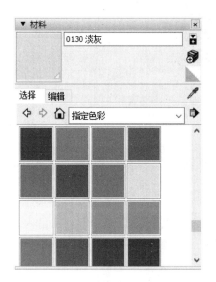
图 5.61　材质的赋予

图 5.62　编辑材质颜色

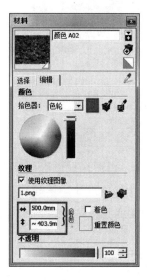
图 5.63　调整材质尺寸

3. **调整材质透明度**

   当模型中有水、玻璃和透明物体等材质时，需要对材质设置透明度。在【不透明】的功能框里对材质的透明度进行调整，如图 5.64 所示。透明度调整的结果会实时体现在场景中。

4. **使用外部贴图**

   在【纹理】功能框中单击按钮，如图 5.65 所示，打开【选择图像】对话框，在对话框中选择需要的贴图图片。

   关于 SketchUp 软件的基本操作就介绍到这里，在掌握基本操作的基础上仍需多加练习，才能熟练掌握这一建模软件。

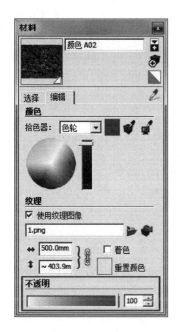
图 5.64　设置材质透明度

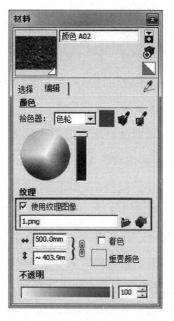
图 5.65　外部贴图

SketchUp外部贴图效果图案例

| 模 块 小 结 |

本模块主要介绍 SketchUp 软件的操作基础部分，通过介绍该软件系统参数和工作界面的设置，基础的绘图命令、编辑命令和较高级的命令，让学生能掌握该软件的基本操作，完成二维图形及三维图形的绘制。

SketchUp 是一款非常适合学生及建模新手学习和使用的简洁实用的软件，掌握好这个软件将使设计师的工作更加便捷，编辑和修改图形更加方便，成图效果更加出色。在掌握本模块 SketchUp 基本操作的基础上，仍需结合课堂作业和实际工作，多加练习，才能熟练掌握这一绘图建模软件。

| 习　　题 |

一、选择题

（1）Space 键是（　　）工具命令。

A.【删除】　　　　B.【矩形】　　　　C.【选择】　　　　D.【推/拉】

（2）进行移动操作之前，按住（　　）键，进行复制。

A. Alt   B. Ctrl   C. Shift   D. Enter

（3）SketchUp 的材质属性包括有哪几种？（　　）

A. 名称、阴影、透明度、纹理坐标、尺寸大小

B. 名称、颜色、透明度、纹理贴图、数量大小

C. 名称、颜色、透明度、纹理贴图、尺寸大小

D. 名称、材质、透明度、纹理贴图、尺寸大小

（4）以下哪项全部为建筑施工工具栏的工具？（　　）

A. 卷尺工具、尺寸、量角器、文字、轴和三维文字

B. 重量、标高、角度、文字、坐标和三维文字

C. 卷尺工具、尺寸、量角器、文字、坐标和三维文字

D. 卷尺工具、标高、量角器、文字、轴和三维文字

（5）以下哪项是【圆弧】工具完全正确的绘制方式？（　　）

A. 绘制圆弧、挤压圆弧和指定精确的圆弧数值

B. 绘制圆弧、画半圆、挤压圆弧和指定精确的圆弧数值

C. 绘制圆弧、画相切的圆弧、挤压圆弧和指定精确的圆弧数值

D. 绘制圆弧、画半圆、画相切的圆弧、挤压圆弧和指定精确的圆弧数值

二、简答题

（1）SketchUp 中快捷键的设置在什么位置？

（2）SketchUp 中对象的选择有哪几种方式？

（3）SketchUp 中【路径跟随】命令如何使用？

（4）如何实现对物体的等比缩放？

（5）隐藏物体后如何使其恢复显示？

上 机 实 训

上机实训一：绘制并标注图形

【实训目的】

练习使用【直线】【手绘线】【圆弧】等命令。

【实训内容】

按图 5.66 所示绘制图形。

上机实训二：绘制并标注图形

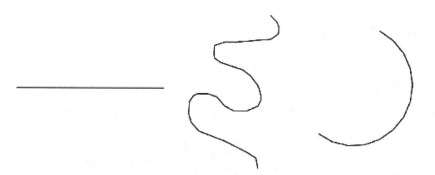

图 5.66 绘制直线、自由线段及圆弧

【实训目的】

练习使用【矩形】【圆】【多边形】【尺寸】【文字】等命令。

【实训内容】

按图 5.67 所示尺寸绘制图形。

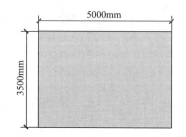  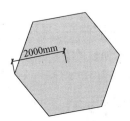

图 5.67 绘制矩形、圆形、多边形

上机实训三：绘制三维图形

【实训目的】

练习使用【推/拉】【路径跟随】等命令绘制立方体、圆柱等三维形体。

【实训内容】

绘制如图 5.68 所示的三维形体。

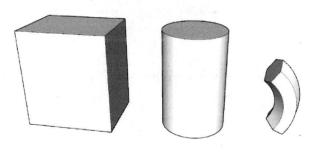

图 5.68 绘制三维形体

上机实训四：阵列练习

【实训目的】

练习使用【阵列】命令。

【实训内容】

按图 5.69 所示尺寸练习水平阵列。

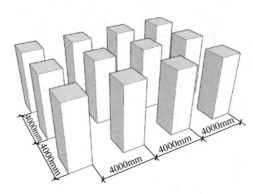

图 5.69 按尺寸练习水平阵列

上机实训五：材质赋予练习

【实训目的】

练习使用【材质】【纹理】【不透明】等命令。

【实训内容】

为图形赋予如图 5.70 所示的材质。

模块5上机实训图纸

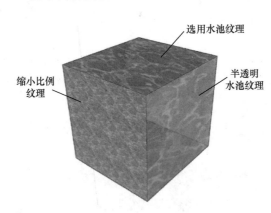

图 5.70 赋予及编辑材质

模块

根据CAD图纸创建小别墅SketchUp模型

教学目标

主要讲述根据已经绘制的小别墅 CAD 图纸使用 SketchUp 进行建模的方法。通过本模块学习，应达到以下目标。

(1) 根据 CAD 图纸，能用 SketchUp 进行小别墅的建模。

(2) 掌握用 SketchUp 创建小别墅模型的方法和步骤。掌握基础常用工具及命令的使用方法，培养良好的软件使用习惯，有效构建绘图任务与命令工具的操作工作流。

思维导图

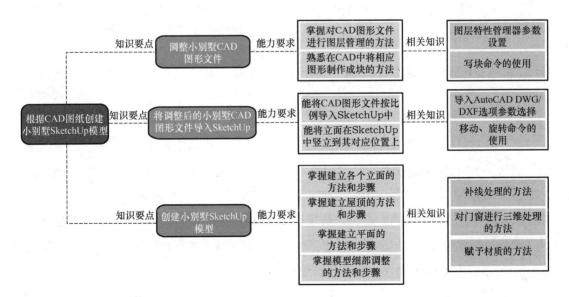

基本概念

图层特性管理器；写块；DWG/DXF 选项参数；移动；旋转；推/拉；材质。

引例

建筑师会用立面图来表达建筑造型，一般情况下需要有建筑的正立面图、背立面图、左立面图和右立面图。如果能够将这四个立面图的 CAD 图形文件导入到 SketchUp 中，并将其竖立至其相应位置上，就可以直接利用立面图进行建模。

6.1 调整小别墅 CAD 图形文件

根据CAD图纸创建小别墅SketchUp模型

本节介绍根据绘制完成的小别墅 CAD 图形进行小别墅建模的过程，说明在 SketchUp 中直接利用四个立面图进行建模的操作方法。如图 6.1 所示，小别墅 CAD 图形包括小别墅的一层平面图、①～⑥轴正立面图、⑥～①轴背立面图、Ⓐ～Ⓗ轴右立面图、Ⓗ～Ⓐ轴左立面图。可以看到，图中含有尺寸标注、文字说明、填充图案等 SketchUp 建模所不需要的图形元素，因此我们要对 CAD 图形进行精简，并对图形文件进行图层管理。

6.1.1 对小别墅 CAD 图形文件进行图层管理

1. 对小别墅 CAD 平面图进行图层管理

打开绘制完成的小别墅 CAD 图形，首先将平面图中的尺寸标注、文字说明、填充图案、轴线等 SketchUp 建模不需要的图形元素进行删除，保留外部墙体、门窗、台阶等。然后在 AutoCAD 的命令行中输入【图层】命令（LAYER），在弹出的【图层特性管理器】对话框中新建【平面图】图层，在【选择颜色】对话框中使用索引颜色 1 红色表示，按【确定】按钮确认。最后将平面图的图形对象放置在【平面图】图层中。

2. 对小别墅 CAD 各立面图进行图层管理

首先将①～⑥轴正立面图、⑥～①轴背立面图、Ⓐ～Ⓗ轴右立面图、Ⓗ～Ⓐ轴左立面图中的标高标注、文字说明、轴号等 SketchUp 建模不需要的图形元素进行删除，保留其

模块 6　根据CAD图纸创建小别墅SketchUp模型

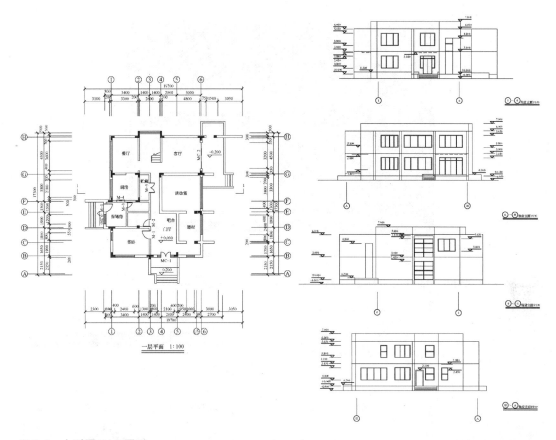

图 6.1　小别墅 CAD 图形

他图形元素。然后在 AutoCAD 的命令行中输入【图层】命令（LAYER），在弹出的【图层特性管理器】对话框中新建【正立面】【背立面】【右立面】【左立面】图层，分别使用索引颜色 2 黄色、索引颜色 3 绿色、索引颜色 4 青色、索引颜色 5 蓝色表示，按【确定】按钮确认，如图 6.2 所示。最后将①～⑥轴正立面图的图形对象放置在【正立面】图层中，将⑥～①轴背立面图的图形对象放置在【背立面】图层中，将Ⓐ～Ⓗ轴右立面图的图形对象放置在【右立面】图层中，将Ⓗ～Ⓐ轴左立面图的图形对象放置在【左立面】图层中，得到设置图层后的小别墅 CAD 图形，如图 6.3 所示。

6.1.2　将小别墅 CAD 相应图形制作成块

1. 将小别墅 CAD 平面图制作成块

在 AutoCAD 的命令行中输入【写块】命令（WBLOCK），在弹出的【写块】对话框中单击【选择对象】按钮，选择平面图的图形对象。在【插入单位】下拉列表框中选择【毫米】选项，在【文件名和路径】下拉列表框中设置文件的保存位置，单击【确定】按

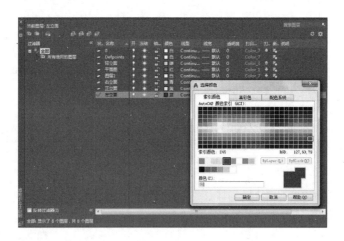

图 6.2 对小别墅 CAD 各立面图进行图层管理

钮完成【清理好的平面图.dwg】文件的新建,如图 6.4 所示。

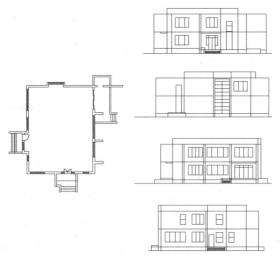

图 6.3 设置图层后的小别墅 CAD 图形

图 6.4 新建清理好的平面图

2. 将小别墅 CAD 立面图制作成块

在 AutoCAD 的命令行中输入【写块】命令(WBLOCK),在弹出的【写块】对话框中单击【选择对象】按钮,选择①~⑥轴正立面图的图形对象。在【插入单位】下拉列表框中选择【毫米】选项,在【文件名和路径】下拉列表框中设置文件的保存位置,单击【确定】按钮完成图块文件【清理好的 1-6 立面.dwg】的新建。按照同样的方法,分别将⑥~①轴背立面图、Ⓐ~Ⓗ轴右立面图、Ⓗ~Ⓐ轴左立面图制作成块,新建的文件分别为【清理好的 6-1 立面.dwg】【清理好的 A-H 立面.dwg】【清理好的 H-A 立面.dwg】。

6.2 创建小别墅的 SketchUp 模型

6.2.1 建立①~⑥轴立面

1. 将调整后的小别墅 CAD 图形文件导入 SketchUp

(1) 将清理好的平面图导入 SketchUp

双击 SketchUp 快捷方式图标,启动 SketchUp。选择【文件】|【导入】,在弹出的【导入】对话框中的【文件类型】下拉单中选择【AutoCAD 文件(*.dwg,*.dxf)】选项,找到【清理好的平面图.dwg】文件,如图 6.5 所示。单击【选项】按钮,在弹出的【导入 AutoCAD DWG/DXF 选项】对话框中选中【合并共面平面】【平面方向一致】和【保持绘图原点】复选框,在【单位】下拉列表中选择【毫米】作为绘图单位,单击【确定】按钮确认。

(2) 将清理好的①~⑥轴立面导入 SketchUp

使用同样的方法把【清理好的 1-6 立面.dwg】文件导入 SketchUp。

(3) 将①~⑥轴立面竖立到其对应位置上

① 在 SketchUp 中使用【矩形】工具画一个矩形,然后使用【推/拉】工具将矩形拉成一个长方体作为辅助体。

② 选取导入的①~⑥轴立面对象,使用【旋转】工具,以长方体上部端点为旋转点绕着红轴旋转 90°,①~⑥轴立面就立起来了,如图 6.6 所示。

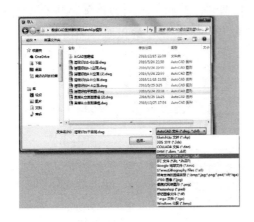

图 6.5 平面图导入

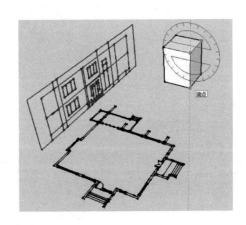

图 6.6 旋转①~⑥轴立面

特别提示

在旋转物体时,可以根据需要在屏幕右下角的数值输入栏中输入旋转的角度,再按Enter键应用,以达到精确旋转的目的。角度值为正表示逆时针旋转,角度值为负表示顺时针旋转。

③ 使用【移动】工具将①~⑥轴立面移动到平面图中相应的位置,注意对齐点的选择要一致,如图6.7所示。

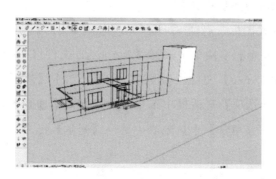

图6.7 将①~⑥轴立面移动到平面图中相应的位置

2. 利用①~⑥轴立面建模

虽然①~⑥轴立面已经竖立起来了,但是并没有形成面,说明图形中存在断线和重复的线,需要我们进行补线、调整面的操作,从而使立面封闭。

(1) 对①~⑥轴立面已有边界线进行补线

双击①~⑥轴立面所在的群组,使用【直线】工具沿着已有的边界线进行补线处理,如图6.8所示。此时①~⑥轴立面会出现一些面是正面和一些面是反面的情况,需要一一调整。选择正面部分右击,选择【确定平面的方向】,使其形成统一的正面,如图6.9所示。

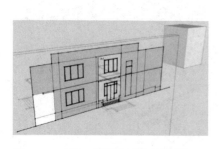

图6.8 对①~⑥轴立面进行补线

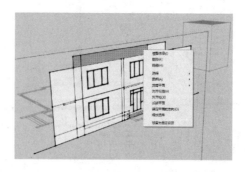

图6.9 确定平面的方向,形成统一的正面

特别提示

使用一次【确定平面的方向】命令,只能针对相关联的物体进行操作,如果场景中还有其他物体,则需要再进行一次操作。

(2) 对面进行检查,对窗边界线补线

对面进行检查,在窗周围的边界线上继续补线,使窗形成单独、完整的面,如图6.10所示。

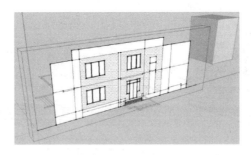

图6.10 对①~⑥轴立面继续补线

(3) 对窗框的分割线补线

选择其中的一扇窗,使用【矩形】工具对窗框的分割线补线,将3扇玻璃窗分割,如图6.11所示。

(4) 建立窗的模型

使用【推/拉】工具将窗框所在的面向内推进100mm,如图6.12所示。

将3扇玻璃窗分别向内推进150mm,如图6.13所示。

图6.11 对窗框的分割线补线　　图6.12 推进窗框　　图6.13 推进窗扇

(5) 给窗的模型赋予材质

使用【材质】工具,在弹出的【材料】对话框中选择【玻璃和镜子】中的【半透明的玻璃蓝】，将材质赋予窗扇，如图 6.14 所示。

特别提示

【材料】对话框中包括材质名称、材质预览、调色板、贴图尺寸、不透明度、贴图等。

(6) 建立其他窗和门的模型

使用与前述中建立窗的模型同样的方法建立起其他窗和门的模型并赋予相应材质，如图 6.15 所示。

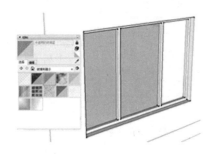   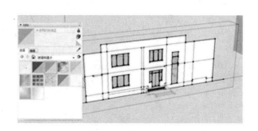

图 6.14　给窗的模型赋予材质　　　图 6.15　建立其他窗和门的模型

(7) 完善①～⑥轴立面

对照平面图和空间关系，对于不属于①～⑥轴立面的部分进行删除，得到完整的①～⑥轴立面，如图 6.16 所示。

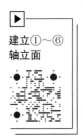 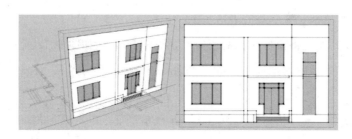

图 6.16　①～⑥轴立面

6.2.2　建立Ⓗ～Ⓐ轴立面

1. 将调整后的Ⓗ～Ⓐ轴立面导入 SketchUp

(1) 将清理好的Ⓗ～Ⓐ轴立面导入 SketchUp

使用与 6.2.1 节中同样的方法把【清理好的 H-A 立面.dwg】文件导入 SketchUp。

(2) 将Ⓗ～Ⓐ轴立面竖立到其对应位置上

① 选取导入的Ⓗ～Ⓐ轴立面对象，使用【旋转】工具，以辅助的长方体上部端点为旋转点绕着红轴旋转 90°，然后再绕着蓝轴旋转 90°，Ⓗ～Ⓐ轴立面就立起来了，如图 6.17 所示。

② 使用【移动】工具将Ⓗ～Ⓐ轴立面移动到平面图中相应的位置，注意对齐点的选择要一致，如图 6.18 所示。

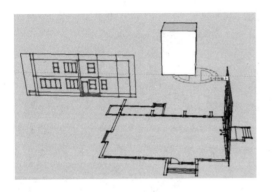
图 6.17　旋转Ⓗ～Ⓐ轴立面

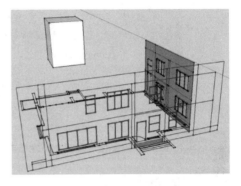
图 6.18　将Ⓗ～Ⓐ轴立面移动到平面图中相应的位置

2. 利用Ⓗ～Ⓐ轴立面建模

（1）对不在Ⓗ～Ⓐ轴立面上的部分进行删除

双击Ⓗ～Ⓐ轴立面所在的群组，对不在Ⓗ～Ⓐ轴立面上的部分进行删除，如图 6.19 所示。

（2）对Ⓗ～Ⓐ轴立面已有边界线进行补线

使用【直线】工具沿着已有的边界线进行补线处理，并对面进行调整，使其形成统一的正面，如图 6.20 所示。

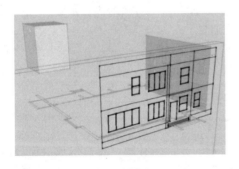
图 6.19　Ⓗ～Ⓐ轴立面的图形对象

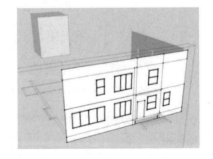
图 6.20　对Ⓗ～Ⓐ轴立面进行补线

（3）调整Ⓗ～Ⓐ轴立面上图形对象至相应位置

对照平面图，Ⓗ～Ⓐ轴立面中间部分应突出，因此需要调整Ⓗ～Ⓐ轴立面上图形对象至相应位置。选择Ⓗ～Ⓐ轴立面左边部分，使用【移动】工具，按 Ctrl 键进行复制，然后将复制的左边部分移动至平面上相应的位置,并将原来的左边部分删除,如图 6.21 所示。选择Ⓗ~Ⓐ轴立面右边部分,使用【移动】工具,按 Ctrl 键进行复制,然后将复制的右边部分移动至平面上相应的位置,并将原来的右边部分删除,如图 6.22 所示。

使用【直线】工具进行补面,将Ⓗ~Ⓐ轴立面中间与左边及右边部分连接起来,如图 6.23 所示。

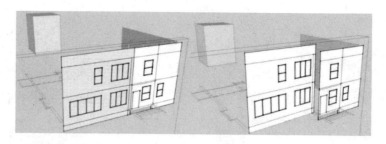

图 6.21　调整Ⓗ~Ⓐ轴立面左边部分至相应位置

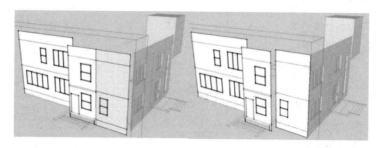

图 6.22　调整Ⓗ~Ⓐ轴立面右边部分至相应位置

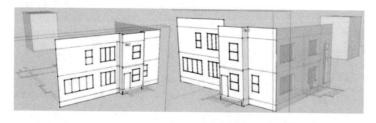

图 6.23　将Ⓗ~Ⓐ轴立面中间与左边及右边部分连接

(4) 对窗框的分割线补线

选择其中的一扇窗,使用【矩形】工具对窗框的分割线补线,将 2 扇玻璃窗分割,如图 6.24 所示。

(5) 建立窗的模型

使用【推/拉】工具将窗框所在的面向内推进 100mm,如图 6.25 所示。

将 2 扇玻璃窗分别向内推进 150mm,如图 6.26 所示。

图6.24 对窗框的分割线补线

图6.25 推进窗框

图6.26 推进窗扇

特别提示

在使用【推/拉】工具时，如果双击推拉面则表示以上一次的距离对这个表面进行推拉，这种操作方法经常被使用到。

（6）补全门框

使用【直线】工具将窗框下部补全，如图6.27所示。

（7）给窗的模型赋予材质

使用【材质】工具，在弹出的【材料】对话框中选择【玻璃和镜子】中的【半透明的玻璃蓝】，将材质赋予窗扇，如图6.28所示。

图6.27 补全门框

图6.28 给窗的模型赋予材质

（8）建立其他窗和门的模型

使用与前述中建立窗的模型同样的方法建立起其他窗和门的模型并赋予相应材质，如图6.29所示。

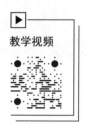

教学视频

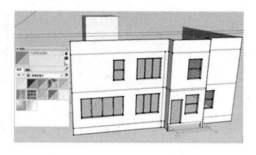

图 6.29　建立其他窗和门的模型

6.2.3　建立Ⓐ~Ⓗ轴立面

1. 将调整后的Ⓐ~Ⓗ轴立面导入 SketchUp

（1）将清理好的Ⓐ~Ⓗ轴立面导入 SketchUp

使用与 6.2.1 节中同样的方法把【清理好的 A-H 立面.dwg】文件导入 SketchUp。

（2）将Ⓐ~Ⓗ轴立面竖立到其对应位置上

① 选取导入的Ⓐ~Ⓗ轴立面对象，使用【旋转】工具，以辅助的长方体上部端点为旋转点绕着红轴旋转 90°，然后再绕着蓝轴旋转 90°，Ⓐ~Ⓗ轴立面就立起来了，如图 6.30 所示。

② 使用【移动】工具将Ⓐ~Ⓗ轴立面移动到平面图中相应的位置，注意对齐点的选择要一致，如图 6.31 所示。

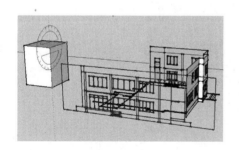

图 6.30　旋转Ⓐ~Ⓗ轴立面

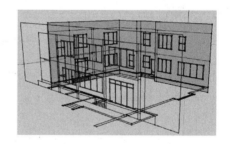

图 6.31　将Ⓐ~Ⓗ轴立面移动到平面图中相应的位置

2. 利用Ⓐ~Ⓗ轴立面建模

（1）对不在Ⓐ~Ⓗ轴立面上的部分进行删除

双击Ⓐ~Ⓗ轴立面所在的群组，对不在Ⓐ~Ⓗ轴立面上的部分进行删除，如图 6.32 所示。

(2) 对Ⓐ～Ⓗ轴立面已有边界线进行补线

使用【直线】工具沿着已有的边界线进行补线处理，并对面进行调整，使其形成统一的正面，如图 6.33 所示。

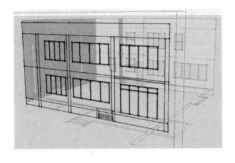
图 6.32　Ⓐ～Ⓗ轴立面的图形对象

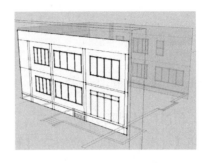
图 6.33　对Ⓐ～Ⓗ轴立面进行补线

(3) 对窗框的分割线补线

选择其中的一扇窗，使用【矩形】工具对窗框的分割线补线，将 4 扇玻璃窗分割，如图 6.34 所示。

(4) 建立窗的模型

使用【推/拉】工具将窗框所在的面向内推进 100mm，如图 6.35 所示。

将 4 扇玻璃窗分别向内推进 150mm，如图 6.36 所示。

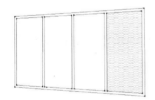
图 6.34　对窗框的分割线补线

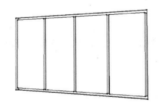
图 6.35　推进窗框

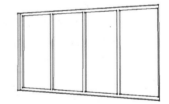
图 6.36　推进窗扇

(5) 补全门框

门为推拉门，需要使用【直线】工具将门框补全，如图 6.37 所示。

(6) 建立门的模型

使用【推/拉】工具将靠近窗的第一扇门的门框和第三扇门的门框所在的面向内推进 150mm，其对应的门扇向内推进 100mm；第二扇门的门框和第四扇门的门框所在的面向内推进 100mm，其对应的门扇向内推进 50mm，如图 6.38 所示。

使用【直线】工具补齐门框线，使用【擦除】工具删除不需要的线，完成整个门的模型，如图 6.39 所示。

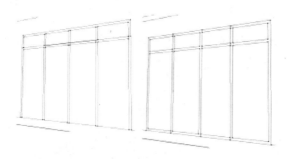 

图 6.37　补全门框　　　　　　　　图 6.38　推拉形成门框

(7) 给门的模型赋予材质

使用【材质】工具，在弹出的【材料】对话框中选择【玻璃和镜子】中的【半透明的玻璃蓝】，将材质赋予门扇，如图 6.40 所示。

 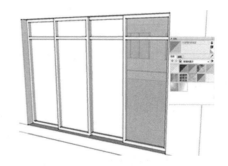

图 6.39　整个门的模型　　　　　　图 6.40　给门的模型赋予材质

(8) 建立其他窗的模型

使用与前述建立窗的模型同样的方法建立起其他窗和门的模型并赋予相应材质，如图 6.41 所示。

(9) 将突出的墙体推拉至平面相应的位置

使用【推/拉】工具，将突出的墙体推拉至平面相应的位置，如图 6.42 所示。

 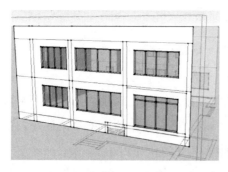 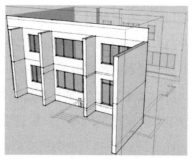

教学视频

图 6.41　建立其他窗和门的模型　　图 6.42　将突出的墙体推拉至平面相应的位置

6.2.4 建立⑥～①轴立面

1. 将调整后的⑥～①轴立面导入 SketchUp

（1）将清理好的⑥～①轴立面导入 SketchUp

使用与 6.2.1 节中同样的方法把【清理好的 6-1 立面.dwg】文件导入 SketchUp。

（2）将⑥～①轴立面竖立到其对应位置上

① 选取导入的⑥～①轴立面对象，使用【旋转】工具，以辅助的长方体上部端点为旋转点绕着红轴旋转 90°，然后再绕着蓝轴旋转 180°，⑥～①轴立面就立起来了，如图 6.43 所示。

② 使用【移动】工具将⑥～①轴立面移动到平面图中相应的位置，注意对齐点的选择要一致，如图 6.44 所示。

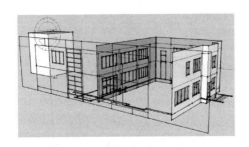

图 6.43 旋转⑥～①轴立面

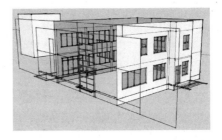

图 6.44 将⑥～①轴立面移动到平面图中相应的位置

2. 利用⑥～①轴立面建模

（1）对⑥～①轴立面已有边界线进行补线

使用【直线】工具沿着已有的边界线进行补线处理，并对面进行调整，使其形成统一的正面，如图 6.45 所示。

（2）将贯通两层的门洞映到突出的墙体上，并对不在⑥～①轴立面上的部分进行删除

双击⑥～①轴立面所在的群组，选择贯通两层的门洞对象，将贯通两层的门洞映到Ⓐ～Ⓗ轴立面突出的墙体上。双击Ⓐ～Ⓗ轴立面所在的群组，使用【矩形】工具将门洞描摹出来，使用【推/拉】工具将门洞表示出来。然后双击⑥～①轴立面所在的群组，对不在⑥～①轴立面上的部分进行删除，如图 6.46 所示。

（3）调整⑥～①轴立面上图形对象至相应位置

对照平面图，⑥～①轴立面中间部分应突出，因此需要调整⑥～①轴立面上图形对象至相应位置。选择⑥～①轴立面左边部分，使用【移动】工具，按 Ctrl 键进行复制，然后将复制的左边部分移动至平面上相应的位置，并将原来的左边部分删除，如图 6.47 所示。

选择⑥～①轴立面右边部分，使用【移动】工具，按 Ctrl 键进行复制，然后将复制的右边部分移动至平面上相应的位置，并将原来的右边部分删除，如图 6.48 所示。

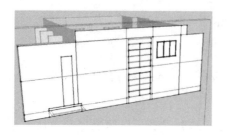
图 6.45 对⑥～①轴立面进行补线

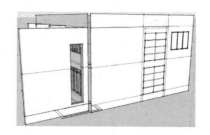
图 6.46 ⑥～①轴立面的图形对象

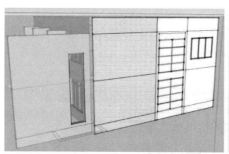
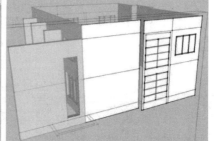
图 6.47 调整⑥～①轴立面左边部分至相应位置

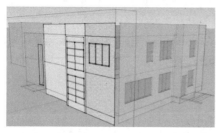
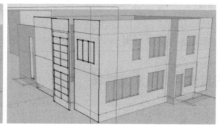
图 6.48 调整⑥～①轴立面右边部分至相应位置

使用【直线】工具进行补面，将⑥～①轴立面中间部分与左边及右边部分连接起来，如图 6.49 所示。

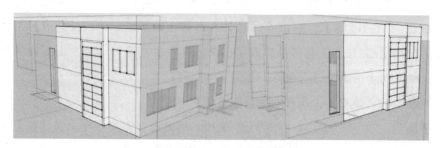
图 6.49 将⑥～①轴立面中间部分与左边及右边部分连接

(4) 对窗框的分割线补线

选择立面中的大窗户，使用【矩形】工具对窗框的分割线补线，将 8 扇玻璃窗分割，如图 6.50 所示。

(5) 建立大窗的模型

使用【推/拉】工具将窗框所在的面向内推进 100mm，如图 6.51 所示。

将 8 扇玻璃窗分别向内推进 150mm，如图 6.52 所示。

图 6.50 对窗框的分割线补线

图 6.51 推进窗框

图 6.52 推进窗扇

(6) 给大窗的模型赋予材质

使用【材质】工具，在弹出的【材料】对话框中选择【玻璃和镜子】中的【半透明的玻璃蓝】，将材质赋予大窗，如图 6.53 所示。

(7) 建立其他窗的模型

使用与前述中建立窗的模型同样的方法建立起其他窗的模型并赋予相应材质，如图 6.54 所示。

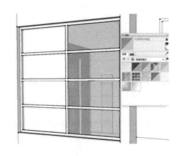
图 6.53 给大窗的模型赋予材质

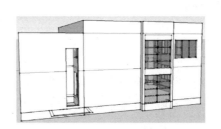
图 6.54 建立其他窗的模型

6.2.5 建立屋顶

1. 调整立面使其完整结合

(1) 调整①～⑥轴立面

调整①～⑥轴立面使其与Ⓐ～Ⓗ轴立面完整结合，如图 6.55 所示。调整①～⑥轴立面使其与Ⓗ~Ⓐ轴立面完整结合，如图 6.56 所示。

图 6.55 调整①~⑥轴立面使其与Ⓐ~Ⓗ轴立面完整结合

图 6.56 调整①~⑥轴立面使其与Ⓗ~Ⓐ轴立面完整结合

（2）建立屋顶面层

建立屋顶

使用【直线】工具，对组成屋顶的点进行连接，形成屋顶面层，如图 6.57 所示。

2. 利用立面创建女儿墙

使用【偏移】工具，选择屋顶面层向内偏移 300mm，如图 6.58 所示。

使用【推/拉】工具，将女儿墙部分推拉至相应高度，如图 6.59 所示。

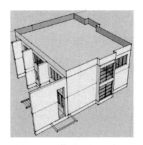

图 6.57 连接各点形成屋顶面层

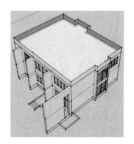

图 6.58 选择屋顶面层向内偏移

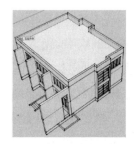

图 6.59 将女儿墙推拉至相应高度

6.2.6 建立平面

1. 调整①~⑥轴立面

（1）将入户平台处的突出墙体推拉出来

双击①~⑥轴立面所在的群组，对照平面图，使用【推/拉】工具将入户平台处的突出墙体推拉至平面相应位置，如图 6.60 所示。

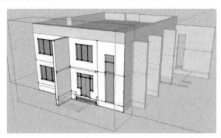

图 6.60 将入户平台处的突出墙体推拉至平面相应位置

(2) 将雨篷推拉出来

对照平面图，使用【推/拉】工具将雨篷推拉至平面相应位置，如图 6.61 所示。

2. 创建①～⑥轴立面对应平面处的入户平台

双击平面所在的群组，使用【直线】工具，将入户平台的面补齐，如图 6.62 所示。然后使用【推/拉】工具，将平台左右护栏推拉至立面对应的位置上，并将上面的面补完整，如图 6.63 所示。根据平面图可知，室内外高差为 600mm，从室外以 3 阶台阶到达入户平台处。因此，将第一阶台阶向下推拉 500mm，第二阶向下推拉 400mm，第三阶向下推拉 300mm。室内和入户平台处的高差为 200mm，因此将平台面向下推拉 200mm，将各个面的内外进行统一，删除不需要的线，完成①～⑥轴立面对应平面处的入户平台的建模，如图 6.64 所示。

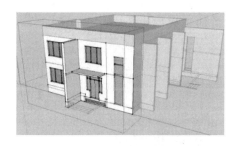

图 6.61 将雨篷推拉至平面相应位置

图 6.62 将入户平台的面补齐

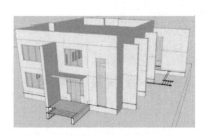

图 6.63 将左右护栏推拉至对应位置

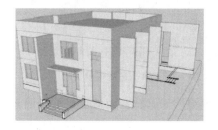

图 6.64 ①～⑥轴立面处入户平台的建模

3. 调整Ⓗ～Ⓐ轴立面

(1) 将入户平台处的突出墙体推拉出来

双击Ⓗ～Ⓐ轴立面所在的群组，对照平面图，使用【推/拉】工具，将入户平台处的突出墙体推拉至平面相应位置，如图 6.65 所示。

(2) 将雨篷推拉出来

对照平面图，使用【推/拉】工具，将雨篷推拉至平面相应位置，如图 6.66 所示。

图 6.65　将入户平台处的突出墙体推拉至平面相应位置

图 6.66　将雨篷推拉至平面相应位置

4. 创建Ⓗ～Ⓐ轴立面对应平面处的入户平台

双击平面所在的群组，使用【直线】工具，将入户平台的面补齐，如图 6.67 所示。然后使用【推/拉】工具，将平台右护栏推拉至立面对应的位置上，并将上面的面补完整，如图 6.68 所示。根据平面图可知，室内外高差为 600mm，从室外以 3 阶台阶到达入户平台处。因此，将第一阶台阶向下推拉 500mm，第二阶向下推拉 400mm，第三阶向下推拉 300mm。室内和入户平台处的高差为 200mm，因此将平台面向下推拉 200mm，将各个面的内外进行统一，删除不需要的线，完成Ⓗ～Ⓐ轴立面对应平面处的入户平台的建模，如图 6.69 所示。

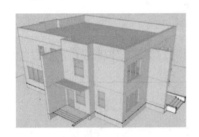
图 6.67　将入户平台的面补齐

图 6.68　将平台右护栏推拉至对应的位置

5. 创建Ⓐ～Ⓗ轴立面对应平面处的入户平台

双击平面所在的群组，使用【直线】工具，将入户平台的面补齐，如图 6.70 所示。然后使用【推/拉】工具，将平台护栏推拉至立面对应的位置上，

图 6.69　Ⓗ～Ⓐ轴立面处入户平台的建模

图 6.70　将入户平台的面补齐

并将上面的面补完整，如图 6.71 所示。根据平面图可知室内外高差为 600mm，从室外以 3 阶台阶到达入户平台处。因此，将第一阶台阶向下推拉 450mm，然后补齐台阶面，第二阶向下推拉 300mm，第三阶向下推拉 150mm。然后将各个面的内外进行统一，删除不需要的线，完成Ⓐ～Ⓗ轴立面对应平面处的入户平台的建模，如图 6.72 所示。

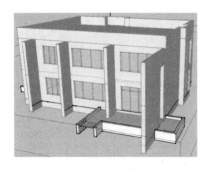

图 6.71 将平台护栏推拉至对应的位置

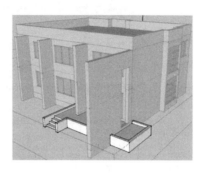

图 6.72 Ⓐ～Ⓗ轴立面入户平台的建模

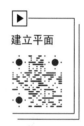

建立平面

6.2.7 模型细部调整

1. 创建楼层平面

选择屋顶面层，右击选择【隐藏】，然后使用【直线】工具将各点连接创建楼层平面，如图 6.73 所示。

2. 补齐Ⓐ～Ⓗ轴立面上的雨篷

双击Ⓐ～Ⓗ轴立面所在的群组，使用【推/拉】工具，将雨篷推拉至平面上相应位置，如图 6.74 所示。

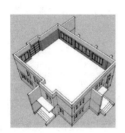

图 6.73 创建楼层平面

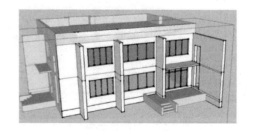

图 6.74 补齐Ⓐ～Ⓗ轴立面上的雨篷

3. 删除不需要的线

将各个立面上不需要的线用【擦除】工具进行删除。

4. 将屋顶部分创建成群组

选择所有立面，右击选择【隐藏】。然后将屋顶对象选中，右击选择【创建群组】，将屋顶部分创建成群组，如图6.75所示。

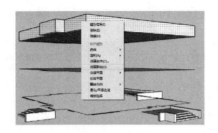

图 6.75　将屋顶部分创建成群组

 特别提示

建模时一旦出现可以建立群组的物体集，应立即建立。在群组中增加、减少物体的操作很简单。如果对整个模型进行了比较细致的分组，那么调整模型就会非常方便。

5. 删除各立面和屋顶重合的部分

双击各立面所在的群组，删除其上部与屋顶重合的部分，如图6.76所示。

6. 补齐平面部分

双击平面所在的群组，使用【直线】工具补齐平面，完整的小别墅模型如图6.77所示。

模型细部调整

图 6.76　删除各立面与屋顶重合的部分

图 6.77　完整的小别墅模型

模块小结

本模块通过介绍一幢二层别墅的建模过程，来说明在SketchUp中直接利用四个立面图进行建模的操作方法。通过本模块的学习，可以加深对利用 CAD 图形文件在 SketchUp 中进行模型创建的方法的理解。

在建筑设计中，设计师往往要对建筑内外全部空间进行布局设计。然而，在绘制建筑效果图时，只需要对建筑的外墙部分进行建模即可，可以忽略建筑内部的各项构件。且遵循效果图"看得到才绘制"的原则，不需要对所有立面进行建模。如果需要创建建筑动画，则要对所有的立面进行建模。在实际操作中，操作者是要创建完整的模型还是局部视角的模型，需要根据具体情况进行选择。

| 习　题 |

一、选择题

（1）SketchUp 的坐标系统分为绝对坐标系统和相对坐标系统，分别用（　　）来输入数据。

A. < >，[ ]　　　　B. [ ]，< >　　　　C. ( )，[ ]　　　　D. [ ]，( )

（2）在 SketchUp 中绘制圆柱体，可利用（　　），配合【推/拉】工具完成。

A.【圆】或【多边形】　　　　　　　　B.【圆】或【矩形】

C.【圆】或【直线】　　　　　　　　　D.【圆弧】或【多边形】

（3）SketchUp 的【移动】工具除了可以完成移动对象的操作外，还可以对对象进行复制操作，复制操作分为（　　）两种方式，但两种复制方式都必须配合键盘上的 Ctrl 键来完成。

A. 增量复制和批量复制　　　　　　　B. 总量复制和批量复制

C. 批量复制和减量复制　　　　　　　D. 增量复制和总量复制

（4）在 SketchUp 中选择对象时，单击可选择模型中的某个元素，当选择了多余的元素时，按住（　　）键可以减选对象；当需要增加元素时，按住 Ctrl 键可以加选对象。

A. Shift+Ctrl　　　B. Shift+Alt　　　C. Alt+Ctrl　　　D. Shift+Esc

（5）SketchUp 有很多视图显示方式，这些显示方式可以通过查看菜单下的【边线类型】和【表面类型】来控制，其中【表面类型】包括 6 种显示方式，分别为【X 光透视模式】【消隐】【着色显示】【贴图】【单色显示】和（　　）。

A.【透视显示】　　　B.【线形显示】　　　C.【平行显示】　　　D.【线框显示】

二、简答题

（1）在 SketchUp 中可以导入的常见文件类型有哪些？

（2）在 SketchUp 中创建群组的方法有哪些？

（3）SketchUp 的材质属性包括有哪几种？

（4）在 SketchUp 中如何把多个面推拉相同的尺寸？

（5）在 SketchUp 中使用什么方法可以删除对象？

上机实训

上机实训一：建立萨伏伊别墅一层平面图模型

【实训目的】

练习使用【直线】【推/拉】【移动】【旋转】【创建群组】等命令建立萨伏伊别墅一层平面图模型。

【实训内容】

根据图 6.78 建立萨伏伊别墅一层平面图模型。

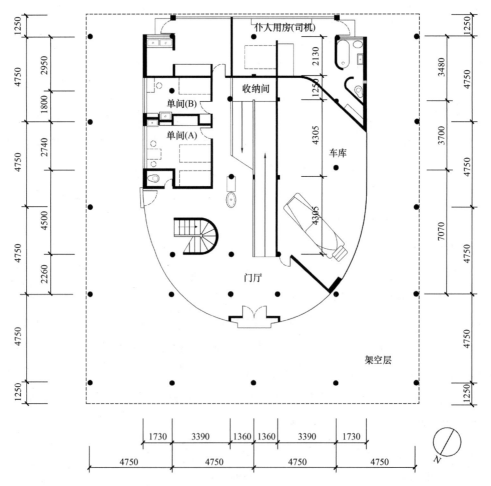

图 6.78　萨伏伊别墅一层平面图

模块 6 根据CAD图纸创建小别墅SketchUp模型

上机实训二：建立萨伏伊别墅二层平面图模型

【实训目的】

练习使用【直线】【推/拉】【移动】【旋转】【创建群组】等命令建立萨伏伊别墅二层平面图模型。

【实训内容】

根据图 6.79 建立萨伏伊别墅二层平面图模型。

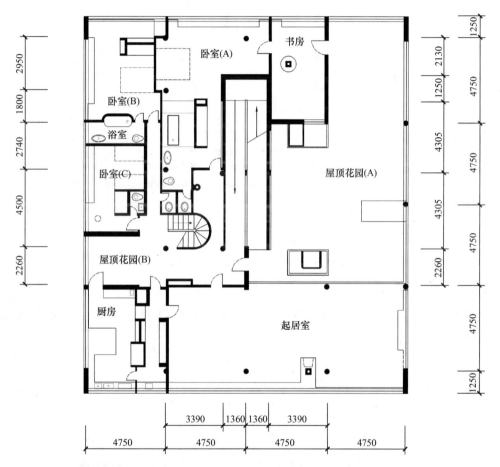

图 6.79 萨伏伊别墅二层平面图

上机实训三：建立萨伏伊别墅屋顶平面图模型

【实训目的】

练习使用【直线】【推/拉】【移动】【旋转】【创建群组】等命令建立萨伏伊别墅屋顶平面图模型。

【实训内容】

根据图 6.80 建立萨伏伊别墅屋顶平面图模型。

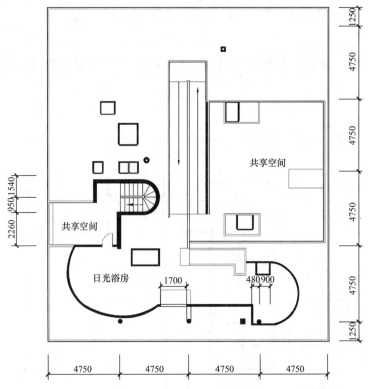

图 6.80 萨伏伊别墅屋顶平面图

上机实训四：建立萨伏伊别墅南立面图和西立面图模型

【实训目的】

练习使用【直线】【推/拉】【移动】【旋转】【创建群组】等命令建立萨伏伊别墅南立面图和西立面图模型。

【实训内容】

根据图 6.81、图 6.82 建立萨伏伊别墅南立面图和西立面图模型。

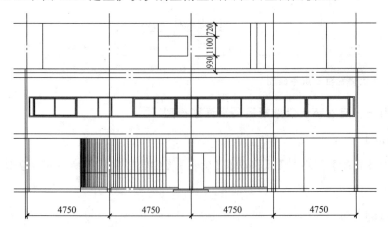

图 6.81 萨伏伊别墅南立面图

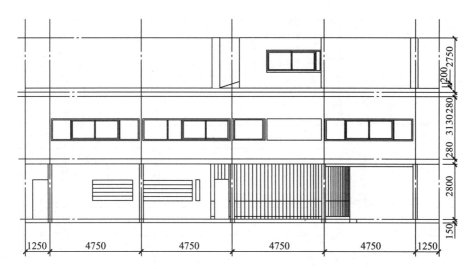

图 6.82 萨伏伊别墅西立面图

上机实训五：建立萨伏伊别墅北立面图和东立面图模型

【实训目的】

练习使用【直线】【推/拉】【移动】【旋转】【创建群组】等命令建立萨伏伊别墅北立面图和东立面图模型。

【实训内容】

根据图 6.83、图 6.84 建立萨伏伊别墅北立面图和东立面图模型。

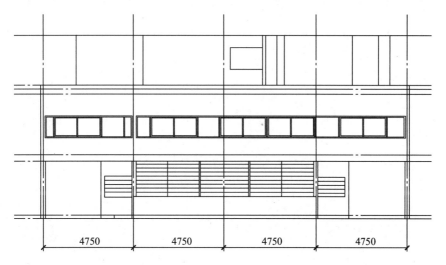

图 6.83 萨伏伊别墅北立面图

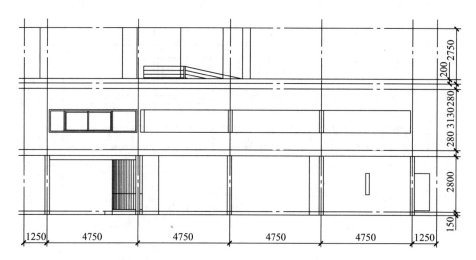

图 6.84　萨伏伊别墅东立面图

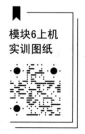

模块6上机
实训图纸

附录 A

建筑制图常用符号的形状和尺寸

名称	形状	属性描述		出图后的尺寸	出图前的尺寸
定位轴线编号	Ⓐ	线型	细实线 圆圈	圆的直径为 8mm	8mm×比例
				详图上圆的直径为 10mm	10mm×比例
		字体	A/B 型字体 文字	文字高度为 5mm	5mm×比例
标高	±0.000	线型	细实线 符号	A 长度为 3mm	$A=3mm×$比例
				B 长度为 15mm	$B=15mm×$比例
		字体	A/B 型字体 文字	文字高度为 3.5mm	3.5mm×比例
指北针	N	线型	细实线 符号	A 长度为 3mm	$A=3mm×$比例
				圆的直径为 24mm	24mm×比例
		字体	A/B 型字体 文字	文字高度为 5mm	5mm×比例
详图索引符号	3 — 详图编号 — 详图在本张图纸上 3/6 详图编号 详图所在图纸编号 J103 3/6 标准图册编号 详图编号 详图所在图纸编号	线型	细实线 圆圈	圆的直径为 10mm	10mm×比例
		字体	A/B 型字体 文字	文字高度为 3.5mm	3.5mm×比例

续表

名称	形状		属性描述	出图后的尺寸	出图前的尺寸
剖视详图索引符号	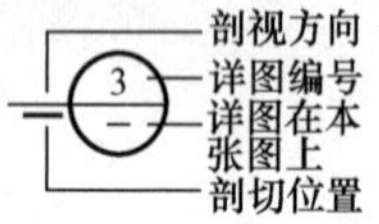 剖视方向／详图编号／详图在本张图上／剖切位置	线型	圆和剖视方向线为细实线	圆圈	圆的直径为10mm	10mm×比例
	 剖视方向／详图编号／详图所在图纸编号／剖切位置		剖切位置线为粗实线	剖切位置线	长度为6～10mm	线长=(6～10mm)×比例
					宽度可为0.5mm	线宽=0.5mm×比例
	剖视方向／标准图集J103编号／详图编号／详图所在图纸编号／剖切位置	字体	A/B型字体	文字	文字高度为3.5mm	3.5mm×比例
详图符号	 ①	线型	圆为粗实线	圆圈	圆的直径为14mm	14mm×比例
					宽度可为0.5mm	0.5mm×比例
	 ③/⑥ 详图编号/被索引的图纸的编号	字体	A/B型字体	文字	文字高度为5mm	5mm×比例
剖切符号	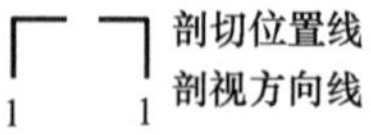 ┌ ┐ 1 1 剖切位置线 剖视方向线	线型	剖切位置线为粗实线	剖切位置线	长度为6～10mm	线长=(6～10mm)×比例
					宽度可为0.5mm	线宽=0.5mm×比例
			剖视方向线为粗实线	剖视方向线	长度为4～6mm	线长=(4～6mm)×比例
					宽度可为0.5mm	线宽=0.5mm×比例
		字体	A/B型字体	文字	文字高度为3.5mm	3.5mm×比例
对称符号	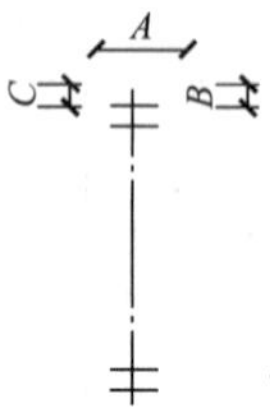 (对称符号图示 A、B、C)	线型	对称线为细单点长画线	符号	A长度为6～10mm	(6～10mm)×比例
			平行线为细实线		B长度为2～3mm	(2～3mm)×比例
					C长度为2～3mm	(2～3mm)×比例
折断线	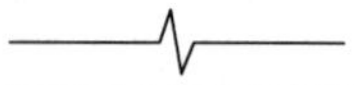 ～～	线型	细实线			

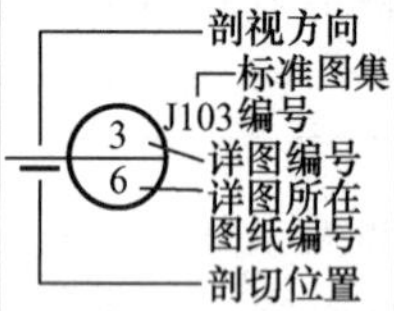

注：根据《房屋建筑制图统一标准》(GB/T 50001—2017)进行整理。

附录 B

AutoCAD 常用快捷键

序号	名称	命令	快捷键	功　能
1	直线	LINE	L	绘制二维或三维直线
2	构造线	XLINE	XL	绘制两个方向无限长的直线
3	多线	MLINE	ML	绘制多条互相平行的直线
4	多段线	PLINE	PL	绘制可变宽度的直线或圆弧
5	正多边形	POLYGON	POL	绘制正多边形
6	矩形	RECTANG	REC	绘制矩形
7	圆弧	ARC	A	绘制给定参数的圆弧（11 种）
8	圆	CIRCLE	C	在指定位置绘制圆
9	样条曲线	SPLINE	SPL	绘制多个可调控制点的曲线
10	椭圆	ELLIPSE	EL	绘制椭圆或椭圆弧
11	插入图块	INSERT	I	插入图块
12	制作图块	BLOCK	B	制作图块
13	点	POINT	PO	在指定位置绘点（可等分线段）
14	图案填充	BHATCH/HATCH	BH/H	将某种图案填充到指定区域
15	面域	REGION	REG	创建面域
16	单行文字	TEXT	DT	创建单行文字
17	多行文本	MTEXT	T/MT	以段落的方式来处理文字
18	删除对象	ERASE	E	删除指定的对象
19	复制对象	COPY	CO	将指定对象复制到指定位置
20	镜像	MIRROR	MI	将指定对象按给定镜像线镜像
21	偏移	OFFSET	O	对指定的对象进行同心拷贝
22	阵列	ARRAY	AR	按矩形、环型或给定路径复制指定的对象
23	移动	MOVE	M	将指定对象移动到指定位置
24	旋转	ROTATE	RO	将指定对象绕指定基点旋转
25	缩放	SCALE	SC	将指定对象按指定比例缩放

续表

序号	名称	命令	快捷键	功　能
26	拉伸	STRETCH	S	可以对图形进行拉伸与压缩
27	改变长度	LENGTHEN	LEN	改变直线与圆弧的长度
28	修剪	TRIM	TR	用剪切边修剪指定的对象
29	延伸	EXTEND	EX	延长指定对象到指定边界
30	断开	BREAK	BR	将对象按指定打断点断开
31	倒角	CHAMFER	CHA	对两条不平行的直线做倒角
32	圆角	FILLET	F	对指定对象按指定半径做圆角
33	分解	EXPLODE	X	分解多段线、块或尺寸标注
34	合并	JOIN	J	合并几个对象为一个完整对象或者将一个开放的对象闭合
35	测量距离	DIST	DI	测量两点之间的距离和角度
36	缩放命令	ZOOM	Z	对视图进行缩放操作
37	定距等分	MEASURE	ME	创建定距等分点
38	定数等分	DIVIDE	DIV	创建定数等分点

附录 C

SketchUp 缺省快捷键

序号	名称	图标	快捷键	功　能
1	选择		Space 键	选择要用其他工具或命令修改的图元
2	制作组件		G	根据所选图元制作组件
3	材质		B	对模型中的图元应用颜色和材质
4	擦除		E	擦除、软化或平滑模型中的图元
5	直线		L	根据起点和终点绘制边线
6	矩形		R	根据起始角点和终止角点绘制矩形平面
7	圆		C	根据中心点和半径绘制圆
8	两点圆弧		A	根据起点、终点和凸起部分绘制圆弧
9	移动		M	移动、拉伸、复制和排列所选图元
10	推/拉		P	推或拉平面图元以雕刻三维模型
11	旋转		Q	围绕某个轴旋转、拉伸、复制和排列所选图元
12	缩放		S	调整所选图元比例并对其进行缩放
13	偏移		F	偏移平面上的所选边线
14	卷尺工具		T	测量距离，创建引导线、引导点，调整整个模型的比例
15	环绕观察		O	将相机视野环绕模型
16	平移		H	垂直或水平平移相机
17	缩放		Z	缩放相机视野
18	后边线		K	显示后边线用虚线表示的模型

参 考 文 献

艾学明，2009. 公共建筑设计 [M]. 南京：东南大学出版社.

陈志民，2015. 天正建筑 TArch 2014 完全实战技术手册 [M]. 北京：清华大学出版社.

高彦强，孙婷，2016. TArch 2014 天正建筑软件标准教程 [M]. 北京：人民邮电出版社.

郭静，2017. AutoCAD 2017 基础教程 [M]. 北京：清华大学出版社.

何培伟，张希可，高飞，2016. AutoCAD 2017 中文版基础教程 [M]. 北京：中国青年出版社.

中国建筑工业出版社，中国建筑学会，2017. 建筑设计资料集：全 8 册 [M]. 3 版. 北京：中国建筑工业出版社.

李波，2016. TArch 2014 天正建筑设计从入门到精通 [M]. 2 版. 北京：清华大学出版社.

李波，等，2017. SketchUp 2016 草图大师从入门到精通 [M]. 2 版. 北京：电子工业出版社.

梁为民，石蔚云，2017. 中文版 AutoCAD 2017 实战从新手到高手 [M]. 北京：北京日报出版社.

刘卫东，常亮，谭杰，等，2015. 经典实例学设计：T20-Arch 天正建筑设计从入门到精通 [M]. 北京：机械工业出版社.

刘学贤，等，2006. 建筑师设计指导手册 [M]. 北京：机械工业出版社.

龙马高新教育，2017. AutoCAD 2017 从入门到精通 [M]. 北京：北京大学出版社.

教传艳，2017. AutoCAD 2017 中文版完全自学手册 [M]. 北京：人民邮电出版社.

麓山，2009. AutoCAD 和天正建筑 7.5 建筑绘图实例教程 [M]. 北京：机械工业出版社.

麓山科技，2014. TArch 2014 天正建筑软件标准教程 [M]. 北京：机械工业出版社.

鲁一平，朱向军，周刃荒，1992. 建筑设计 [M]. 北京：中国建筑工业出版社.

马亮，王芬，边海，2013. SketchUp 印象：城市规划项目实践 [M]. 2 版. 北京：人民邮电出版社.

彭一刚，1983. 建筑空间组合论 [M]. 北京：中国建筑工业出版社.

孙明，张秀梅，2017. AutoCAD 建筑图形设计与天正建筑 TArch 工程实践：2014 中文版 [M]. 北京：清华大学出版社.

童滋雨，2007. SketchUp 建筑建模详解教程 [M]. 北京：中国建筑工业出版社.

王芬，马亮，边海，等，2013. SketchUp 印象：建筑设计项目实践 [M]. 2 版. 北京：人民邮电出版社.

王建华，程绪琦，张文杰，等，2017. AutoCAD 2017 官方标准教程 [M]. 北京：电子工业出版社.

卫涛，王松，陈劢，2006. 建筑草图大师 SketchUp 效果图设计流程详解 [M]. 北京：清华大学出版社.

徐文胜，2017. AutoCAD 2017 实训教程 [M]. 2 版. 北京：机械工业出版社.

杨明，傅俐俊，陆天宇，2013. 建筑草图大师 SketchUp 8 效果图设计流程详解 [M]. 北京：清华大学出版社.

聚光数码科技，2008. SketchUp 草图大师高级建模与动画方案实例详解 [M]. 北京：电子工业出版社.

聚光数码科技，2008. VRay for SketchUp 从入门到高级实例详解 [M]. 北京：电子工业出版社.

张莉萌，2015. SketchUp＋VRay 设计师实战 [M]. 2 版. 北京：清华大学出版社.

张云杰，尚蕾，2019. SketchUp 2018 基础、进阶、高手一本通 [M]. 北京：电子工业出版社.

祝明慧，2017. 中文版 AutoCAD 2017 建筑设计从入门到精通 [M]. 北京：中国铁道出版社.